人气面包食谱

彭依莎 主编

北京出版集团公司
北京美术摄影出版社

图书在版编目（CIP）数据

人气面包食谱 / 彭依莎主编. — 北京 : 北京美术摄影出版社，2018.12
ISBN 978-7-5592-0205-5

Ⅰ. ①人… Ⅱ. ①彭… Ⅲ. ①面包 — 制作 Ⅳ. ①TS213.21

中国版本图书馆 CIP 数据核字（2018）第 266907 号

策　　划：深圳市金版文化发展股份有限公司
责任编辑：赵　宁
助理编辑：李　梓
责任印制：彭军芳

人气面包食谱

RENQI MIANBAO SHIPU

彭依莎　主编

出　版　北京出版集团公司
　　　　北京美术摄影出版社
地　址　北京北三环中路 6 号
邮　编　100120
网　址　www.bph.com.cn
总发行　北京出版集团公司
发　行　京版北美（北京）文化艺术传媒有限公司
经　销　新华书店
印　刷　鸿博昊天科技有限公司
版印次　2018 年 12 月第 1 版第 1 次印刷
开　本　787 毫米 × 1092 毫米　1/16
印　张　10
字　数　150 千字
书　号　ISBN 978-7-5592-0205-5
定　价　49.00 元

目录

第一章 面包制作的基础知识

第二章 新手必学的美味面包

第三章
超有料的夹馅面包

第四章
别具风味的咸面包

第五章

百变创意造型面包

第一章 面包制作的基础知识

制作面包从最初的配料，到发面、揉面的过程，
再到最后的烘烤出炉，都是很有讲究的，
本章节将分享新手必学的面包制作基础知识，
让你快速成为面包达人！

制作面包的常用小工具

想要在家里做出好吃又可爱的面包，到底要准备哪些工具呢？下面为大家介绍几款小工具，准备好这些工具，可以让面包的制作更方便更快捷。

【手动搅拌器】

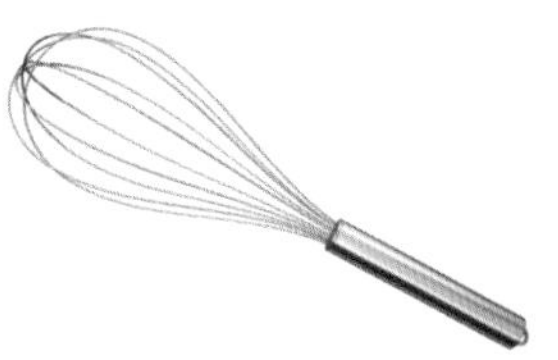

手动搅拌器适用于打发少量的黄油，或者某些不需要打发，只需要把鸡蛋、糖、油混合搅拌的环节。

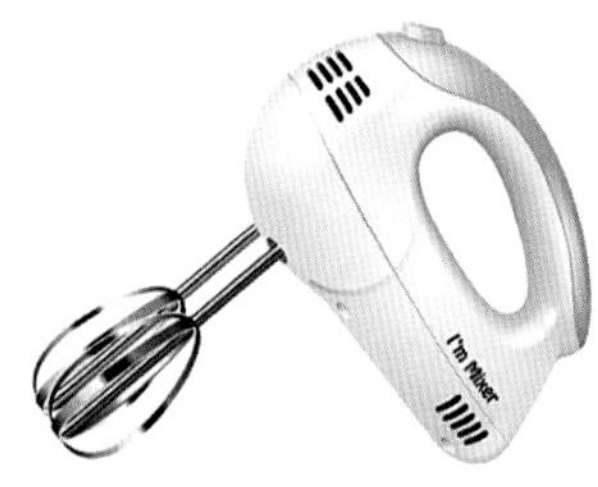

【电动搅拌器】

电动搅拌器更方便省力，鸡蛋的打发用手动搅拌器很困难，必须使用电动搅拌器。

【塑料刮板】

塑料刮板可以把粘在操作台上的面团铲下来，也可以协助我们把整形好的小面团移到烤盘上去，还可以用于分割面团。

【橡皮刮刀】

橡皮刮刀是扁平的软质刮刀，适用于搅拌面糊，在粉类和液体类材料混合的过程中起重要作用。在搅拌的同时，它还可以紧紧贴在碗壁上，把附着在碗壁上的面糊刮得干干净净。

【擀面杖】

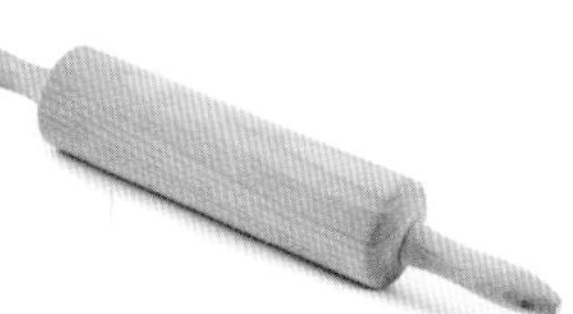

擀面杖是面团整形过程中必备的工具，无论是把面团擀圆、擀平、擀长都需要用到。

【油布或油纸】

烤盘需要用油布或油纸垫上以防粘连。有时候在烤盘上涂油同样可以起到防粘的效果，但使用垫纸可以免去清洗烤盘的麻烦。油纸比油布价格低廉。

【裱花袋】

裱花袋可以用于挤出花色面糊，还可以用来装上巧克力液做装饰。裱花袋搭配不同的裱花嘴可以挤出不同的花形，可以根据需要购买。

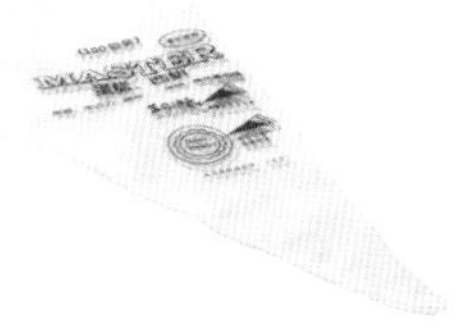

【吐司模】

如果你要制作吐司，吐司模是必备工具。家庭制作建议购买 450 克规格的吐司模。

【毛刷】

面包为了上色漂亮，都需要在烘烤之前在面包表层刷一层液体，毛刷在这个时候就派上用场了。

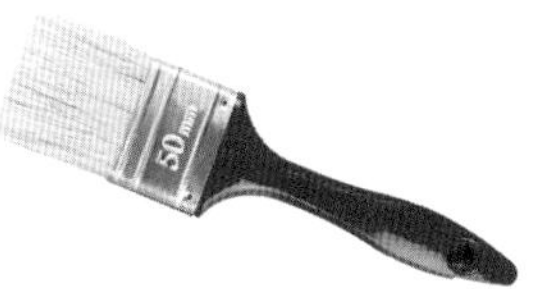

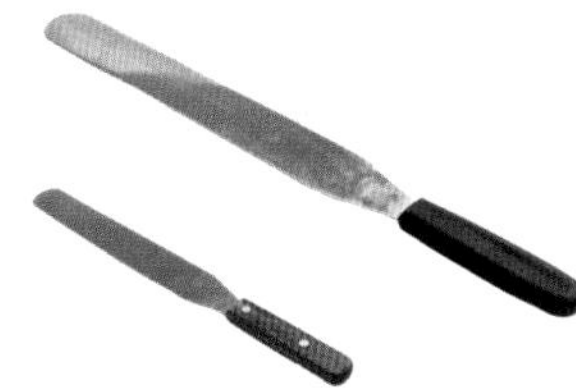

【各种刀具】

粗锯齿刀用来切吐司，细锯齿刀用来切蛋糕，小抹刀用来涂馅料和果酱……根据不同的需要，选购不同的刀具。

若所使用的烤箱无上、下火设置，建议采用本书所给温度的平均值。制作过程中须根据自家烤箱的实际情况调节烘烤的温度和时间。

面包制作的答疑解惑

面包含有蛋白质、脂肪、碳水化合物、少量维生素及钙、钾、镁、锌等矿物质，口味多样，易于消化、吸收，食用方便。而制作面包的关键在于面团的制作和发酵，下面为大家介绍制作面包的常见问题和面团发酵的注意事项。

制作面包常见的问题

为什么出炉后的面包体积过小？

①酵母量不足或酵母量多糖少，酵母存放过久或储存温度太高，新鲜酵母未解冻。

②面粉储存太久或太新鲜，面粉筋度太弱或太强。

③面团含盐量、含糖量、油脂、牛奶用量太多，改良剂太多或太少，使用了软水、硬水、碱性水、硫黄水等。

④面粉用量和面团温度不当，搅拌速度、发酵的时间和温度过量或不足。

⑤烤盘涂油太多，温度、烤焗时间配合不当，或蒸气不足、气压太大等。

为什么出炉后的面包体积过大？

①面粉质量差，盐量不足。

②发酵时间太久。

③烘烤温度过低。

为什么出炉后的面包表皮太厚?

①面粉筋度太强，或用量不足。

②油脂量不当，糖、牛奶用量少，改良剂太多。

③发酵太久或缺淀粉酶。

④湿度、温度不准确。

⑤烤盘油太多。

面团发酵的注意事项

影响面团发酵有哪些因素?

①酵母的质量和用量：酵母用量多，发酵速度快；酵母用量少，发酵速度慢。酵母质量对发酵也有很大影响，保管不当或贮藏时间过长的酵母，色泽较深，发酵力度降低，发酵速度就会减慢。

②室内温度：面团发酵场所的温度高，发酵速度快；温度低，发酵速度慢。但温度一定要在一个适宜的范围。

③水温：在常温下采用 40℃左右的温水和面，制成面团温度为 27℃左右，最适宜酵母繁殖。水温过高，酵母易被烫死；水温过低，酵母繁殖较慢。如果在夏天，室温比较高，为避免发酵速度过快，宜采用冷水和面。

④盐和糖的加入量：少量的盐对酵母生长发育是有利的，过量的盐则会使酵母繁殖受到抑制。糖为酵母繁殖提供营养，糖占面团总量的 5%左右时，有利于酵母生长，可使酵母繁殖速度加快。

搅拌时间对面团发酵有什么影响?

搅拌时间的长短会影响面团的质量。

①如果搅拌姿势正确，时间适度，那么形成的面筋一般能达到最佳状态，即面团既有一定的弹性又有一定的延展性，这就为制成松软可口的面包打下了良好的基础。

②如果搅拌不足，则面筋不能充分扩展，没有良好的弹性和延伸性，不能保留发酵过程中所产生的二氧化碳，也无法使面筋软化，这样做出的面包体积小，内部组织粗糙。

③如果搅拌过度，则面团会过分湿润、粘手，整形操作十分困难，面团搓圆后无法挺立，而是向四周流淌。烤出的面包内部有较多大孔洞，组织粗糙，品质很差。

面包面团的制作过程

外形美观的面包总让人忍不住想去品尝。不同种类的面包有不一样的面团制作过程，了解这些不同的制作手法，可以帮助你游刃有余地做出好吃的面包。

基础面包面团制作

【材料】高筋面粉250克，酵母4克，黄油35克，细砂糖50克，水100毫升，奶粉10克，蛋黄15克

【工具】刮板1个

【制作步骤】

1.将高筋面粉倒在案台上。
2.加入酵母、奶粉，充分拌匀，用刮板开窝。
3.加入细砂糖、蛋黄、水。
4.把内侧高筋面粉铺进窝里，让面粉充分吸收水分。
5.将材料混合均匀。
6.揉搓成面团，加入黄油。
7.揉搓，把黄油充分地在面团中揉匀。
8.揉至表面光滑，静置即可。

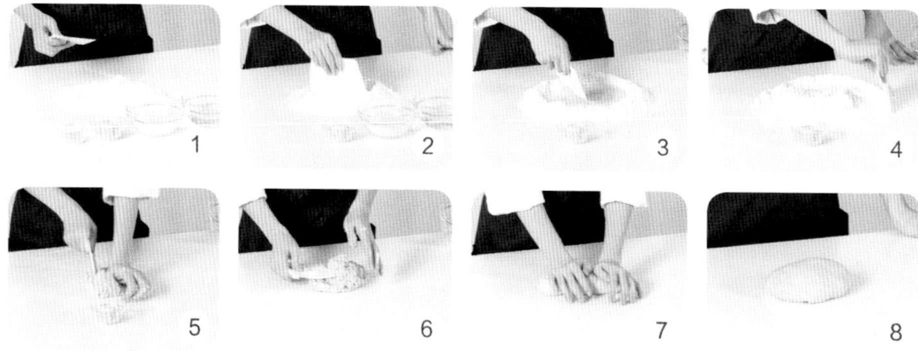

丹麦面包面团制作

【材料】高筋面粉170克，低筋面粉30克，黄油20克，鸡蛋1个，片状酥油皮70克，水80毫升，细砂糖50克，酵母4克，奶粉20克

【工具】擀面杖1根，刮板1个

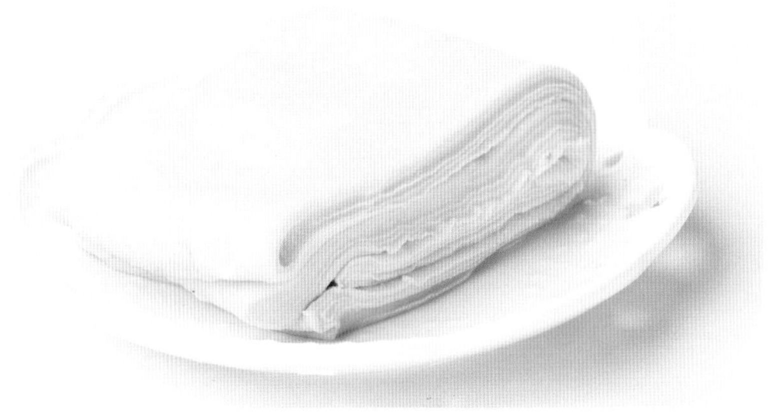

【制作步骤】

1.将高筋面粉、低筋面粉、奶粉、酵母搅匀。

2.开窝，倒入细砂糖、鸡蛋，将其拌匀。

3.倒入水，将内侧一些粉类跟水拌匀。

4.倒入黄油，制成表面平滑的面团。

5.将面团擀成长形面片，再放入备好的片状酥油皮。

6.用另一侧面片覆盖，把四周的面片封紧，用擀面杖擀至里面的酥油分散均匀。

7.将面片叠成三层，放入冰箱冷藏10分钟。

8.拿出面片继续擀薄，依此反复进行三次，装入盘中即可。

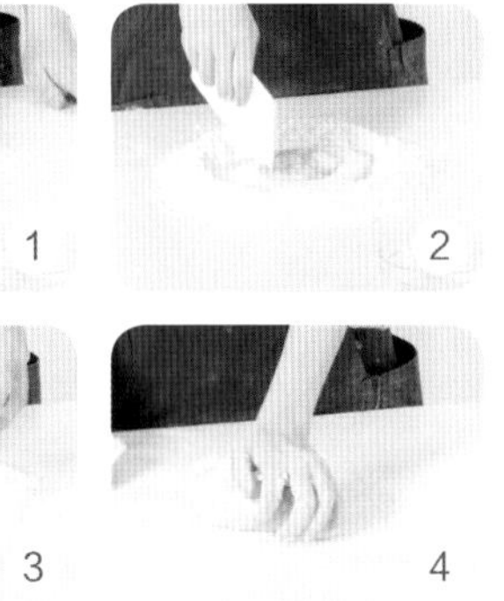

1

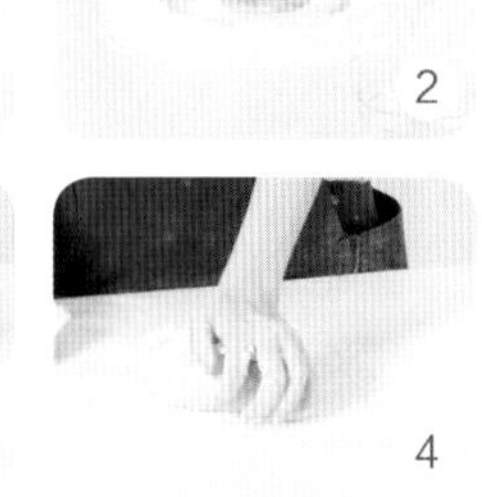

2

3

4

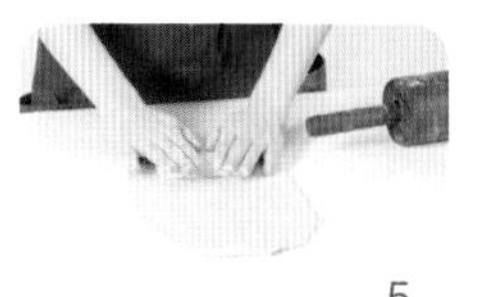

5

6

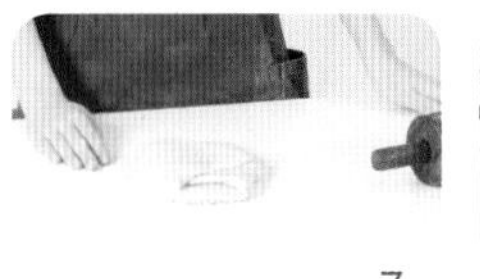

7

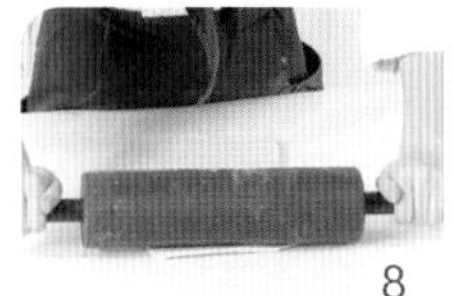

8

搭配面包
食用的常备果酱

现在许多人早午餐、下午茶选择吃面包，抹上大量的黄油或奶酪佐食。然而，吃太多奶制品对健康没有好处，其实有一个更健康的选择，即用果酱代替。不同于含有大量脂肪的黄油和奶酪，果酱的营养价值很高，是更为健康的吃法。下面列举了几种家中常备款果酱，一次性做好后，可存放在冰箱中许久。

苹果果酱

【材料】

苹果700克
白砂糖180克
黄油30克
盐适量

【制作步骤】

1.将苹果削皮去核，切小块，浸于盐水中约15分钟。
2.锅中撒入白砂糖，煮至熔化成焦糖状，加入苹果块。
3.加入适量黄油，煮至溢出香味。
4.继续搅拌，将苹果压成泥，煮至果酱显出光泽、呈浓稠状时，即可装入用热水消毒过的广口瓶中（趁热装瓶），锁紧瓶盖后倒置。

猕猴桃果酱

【材料】

猕猴桃500克

白砂糖200克

柠檬30克

【制作步骤】

1.将猕猴桃洗净去皮，把果肉切成块状。

2.取白砂糖与果肉拌匀，放置1小时以上，让其中的果胶析出。

3.然后移入锅中，小火煮至果肉软烂。

4.用勺子压烂之后继续小火加热，并不停搅拌。

5.搅拌至八九成黏稠的时候挤入适量柠檬汁，搅拌均匀，以增加清香度。

6.待水分蒸发、果酱非常黏稠时即可关火，趁热装入无水无油的玻璃罐中，凉凉至常温后移至冰箱内冷藏。

蜂蜜柚子酱

【材料】

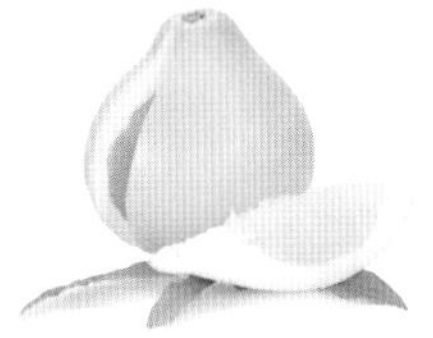

柚子1个

白砂糖200克

蜂蜜80克

盐3克

水500毫升

【制作步骤】

1.剥开柚子，取出果肉。

2.取柚子皮，去掉柚子皮和柚子肉中间的白色部分，皮越薄越好。

3.将柚子皮切成细丝。

4.将柚皮丝放入淡盐水中浸泡15分钟。

5.锅中加入500毫升水和白砂糖，烧开后转小火，先煮一下柚皮丝。

6.待柚皮丝煮至透明状，再下入柚子果肉一起大火煮开，然后转小火慢煮，搅拌。熬至黏稠状关火，凉至温热时倒入蜂蜜，搅拌均匀，装瓶即可。

巧克力香蕉酱

【材料】

香蕉500克

巧克力40克

白砂糖40克

黄油20克

盐3克

【制作步骤】

1.将香蕉去皮，切成小段。

2.锅中加入黄油，小火熔化。

3.倒入切好的香蕉段，中小火加热。

4.加入白砂糖，不停搅拌，防止煳底。

5.加少许盐调味，搅拌均匀，同时把香蕉段压烂。

6.待香蕉酱黏稠时，加入巧克力，小火加热并不停搅拌，至完全熔化即可。

枇杷雪梨酱

【材料】

枇杷100克

雪梨300克

白砂糖200克

柠檬半个

【制作步骤】

1.将枇杷去皮、核，切成小块。

2.将雪梨去皮、核，切成小块。

3.将切好的枇杷块、雪梨块放入锅中，加入白砂糖。

4.开火熬制。

5.其间不断搅拌。

6.挤入柠檬汁，继续搅拌至黏稠即可。

桂花草莓酱

【材料】

草莓500克

白砂糖180克

干桂花3克

盐水400毫升

【制作步骤】

1.草莓用盐水浸泡15分钟左右；干桂花用水浸泡一下。

2.将泡好的草莓去蒂，沥干表皮水分，撒上白砂糖，静置10分钟。

3.将用白砂糖腌渍好的草莓倒入锅内。

4.再将泡好的桂花倒入锅内。

5.大火煮草莓，边煮边用勺子搅动，防止粘锅。不停搅拌，煮至草莓软烂，准备无油无水的瓶子，放凉后将桂花草莓酱装瓶密封即可。

百里香玫瑰葡萄酱

【材料】

葡萄600克

干玫瑰花10克

柠檬半个

白砂糖180克

百里香叶子3克

【制作步骤】

1.将葡萄洗净，对切，去籽。

2.将去籽后的葡萄放入锅中，加入白砂糖。

3.中火煮开，搅拌均匀。

4.加入百里香叶子，不断搅拌，再挤入柠檬汁，搅拌均匀。

5.将干玫瑰花去柄，捏碎，撒入锅中。

6.转小火慢熬，不断搅拌，煮至黏稠即可关火装瓶。

第二章 新手必学的美味面包

面包的制作看似步骤繁杂，
令很多刚接触烘焙的新手望而却步，
其实，面包的制作并不难，
本章节将教你制作烘焙新手必学的简单面包。

核桃小餐包

分量 | 4个
时间 | 烤约15分钟
温度 | 上、下火180℃烘烤

< 材料 >

●面团

高筋面粉100克
奶粉4克
细砂糖13克
酵母粉3克
鸡蛋液8克
牛奶8毫升
清水55毫升
无盐黄油15克
盐2克

●装饰

鸡蛋液适量
核桃仁碎12克

< 制作步骤 >

搅拌材料

1 将高筋面粉、奶粉、细砂糖倒入大玻璃碗中，用手动搅拌器搅拌均匀。

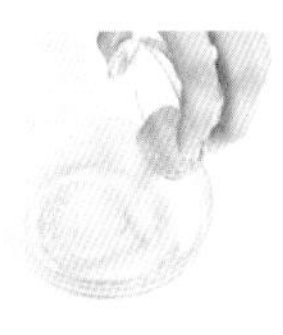

2 将酵母粉倒入装有清水的碗中，用手动搅拌器搅拌至混合均匀。

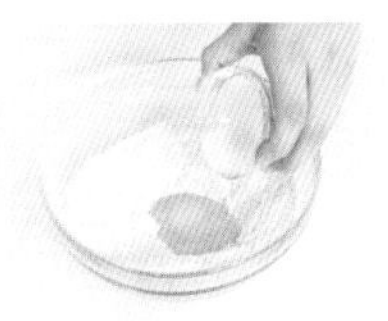

3 往装有高筋面粉的大玻璃碗中倒入鸡蛋液、牛奶、酵母水，用橡皮刮刀翻拌均匀成无干粉的面团。

揉搓面团

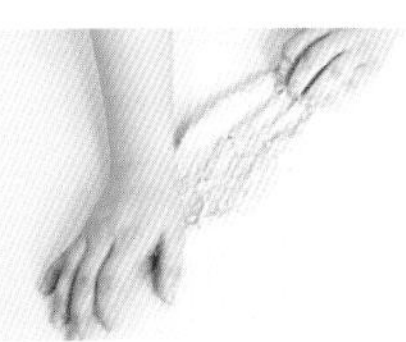

4 取出面团放在操作台上，反复将其按扁、揉扯拉长，再滚圆。

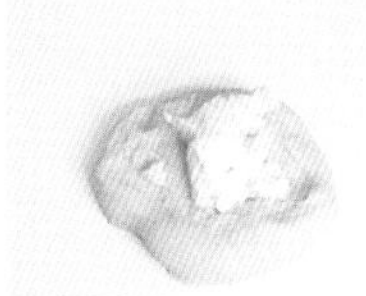

5 再将面团按扁，放上无盐黄油、盐，揉搓至混合均匀。

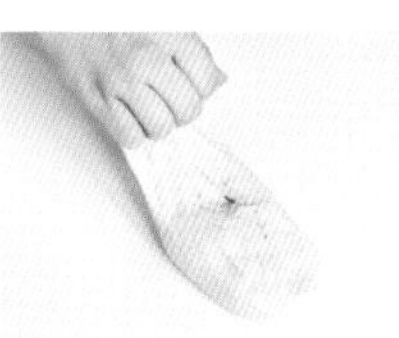

6 反复甩打面团至起筋，再滚圆。

面团能够毫不费力地拉出轻薄但不会破裂的膜时代表已起筋。

第一次发酵、分割

7 将面团放回至原大玻璃碗中，封上保鲜膜，静置发酵约40分钟。

发酵的最佳温度是26 ~ 28℃。

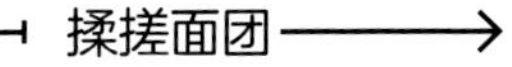

8 撕掉保鲜膜，取出面团，用刮板分成4等份，分别收口、滚圆。

第二次发酵

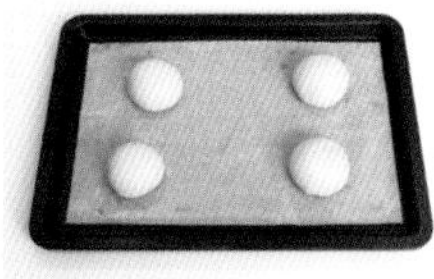

9 将小面团放在铺有油纸的烤盘上。

10 将烤盘放入已预热至30℃的烤箱中层，二次发酵约30分钟。

烘烤

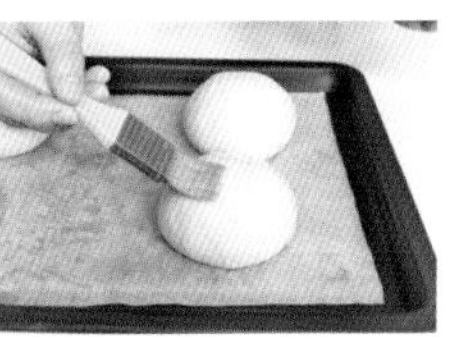

11 取出发酵好的面团，刷上适量鸡蛋液，再放上核桃仁碎。

12 再将烤盘放回已预热至180℃的烤箱中层，烤约15分钟。

芝麻小餐包

分量 | 4个
时间 | 烤约15分钟
温度 | 上、下火180℃烘烤

< 材料 >

●面团

高筋面粉90克
低筋面粉22克
细砂糖22克
奶粉5克
酵母粉3克
鸡蛋液15克
牛奶18毫升
无盐黄油15克
盐2克
清水15毫升

●装饰

鸡蛋液适量
白芝麻适量

<制作步骤>

搅拌材料

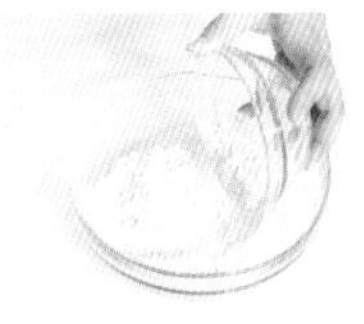

1 将高筋面粉、低筋面粉、奶粉倒入大玻璃碗中，用手动搅拌器搅拌均匀。

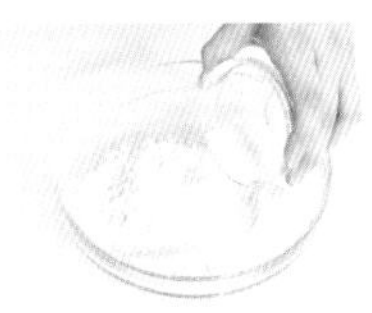

2 倒入细砂糖，搅拌均匀。

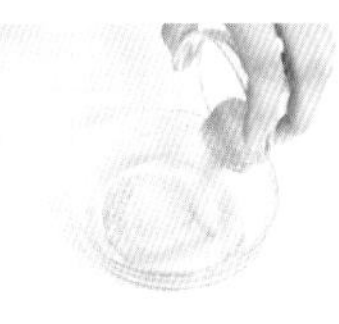

3 将酵母粉、清水倒入小碗中，用手动搅拌器搅拌均匀。

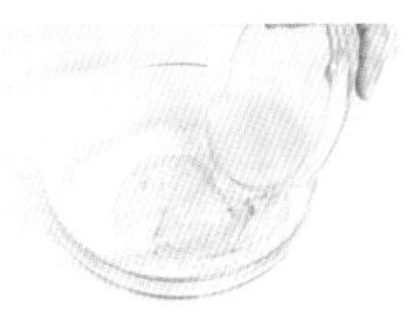

4 将酵母水、牛奶、鸡蛋液加入大玻璃碗中，翻拌成无干粉的面团。

揉搓面团

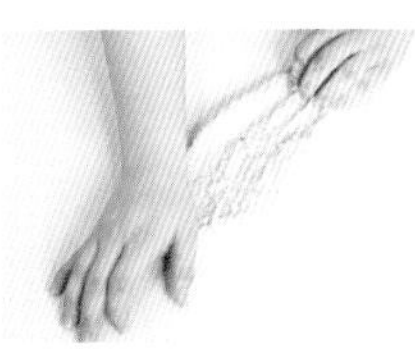

5 取出面团放在操作台上，反复将其按扁、揉扯拉长，再滚圆。

要用刮板将玻璃碗中的面团尽可能刮干净，以免材料分量变少。

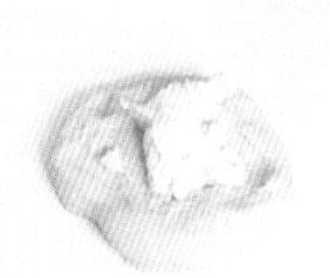

6 再将面团按扁，放上无盐黄油、盐，揉搓至混合均匀。

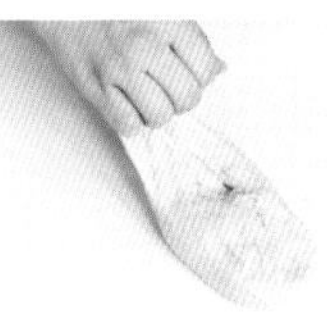

7 反复甩打面团至起筋，再滚圆。

如果面团有点黏，可在手上沾点面粉再揉。

第一次发酵、分割

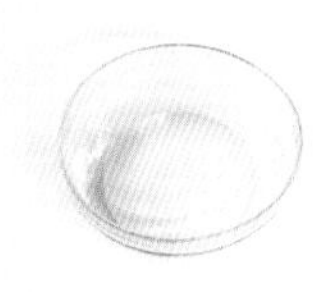

8 将面团放回原大玻璃碗中，封上保鲜膜，静置发酵约40分钟。

9 撕开保鲜膜，取出面团，用刮板分成4等份的小面团，再分别搓圆。

第二次发酵、烘烤

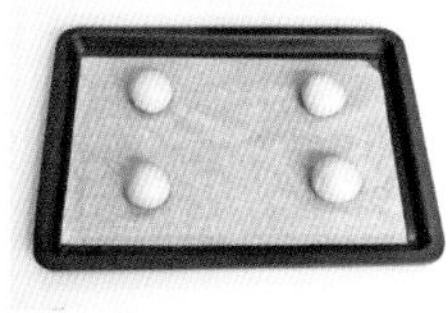

10 将搓圆的小面团放在铺有油纸的烤盘上，再放入已预热至30℃的烤箱中层，发酵约30分钟。

11 取出发酵好的面团，刷鸡蛋液，撒上白芝麻。

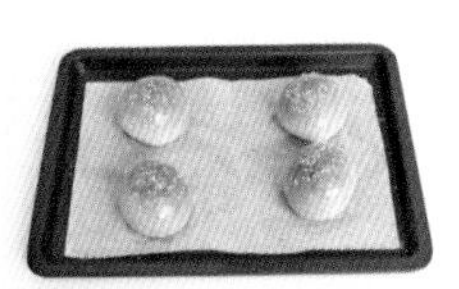

12 再放入已预热至180℃的烤箱中层，烤约15分钟即可。

抹茶小餐包

分量 | 4个
时间 | 烤约15分钟
温度 | 上、下火165℃烘烤

< 材料 >

高筋面粉115克
低筋面粉35克
鸡蛋液15克
汤种面团50克
抹茶粉10克
牛奶50毫升
奶粉15克
酵母粉3克
细砂糖20克
盐2克
无盐黄油15克
清水20毫升
白芝麻适量

< 制作步骤 >

搅拌材料

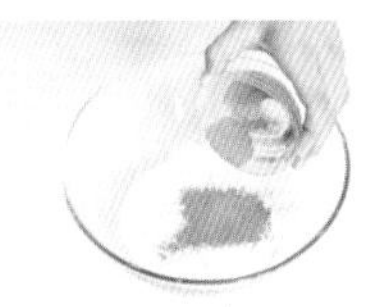

1 将高筋面粉、抹茶粉、奶粉、低筋面粉倒入大玻璃碗中。

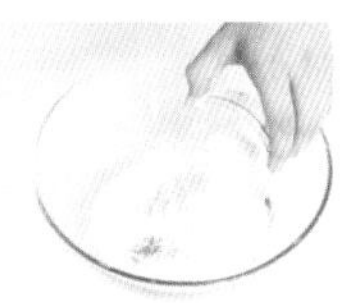

2 加入细砂糖，倒入盐，用手动搅拌器搅拌均匀。

要以画圆圈的方式搅拌均匀。

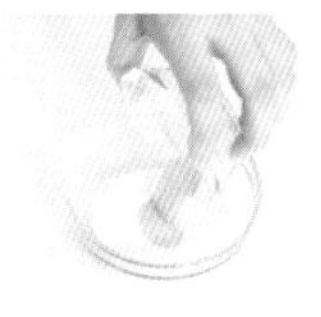

3 将牛奶、酵母粉装入小玻璃碗中，用手动搅拌器搅拌均匀，制成酵母液。

4 将酵母液、鸡蛋液、清水倒入大玻璃碗中，用橡皮刮刀翻压几下，再用手揉成团。

揉搓面团

5 放入汤种面团，揉至混合均匀。

6 取出面团放在干净的操作台上，将其反复揉扯拉长，再卷起。

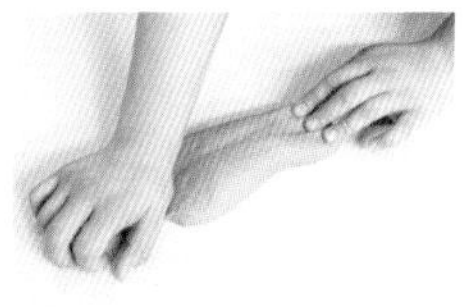

7 反复几次，将卷起的面团稍稍搓圆、按扁。

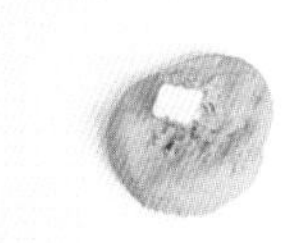

8 放上无盐黄油，收口、揉匀，再将其揉成纯滑的面团。

第一次发酵、分割

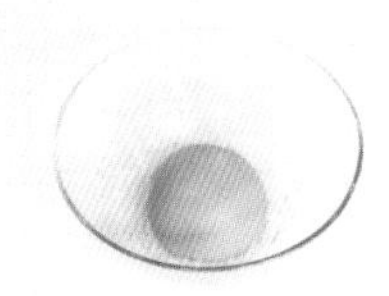

9 将面团放回至大玻璃碗中，封上保鲜膜，静置发酵约30分钟。

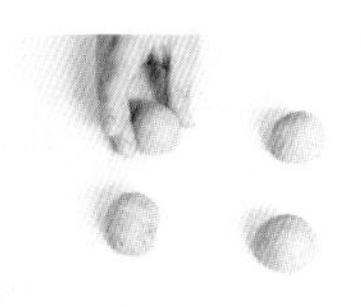

10 撕开保鲜膜，取出面团，用刮板分成4等份，再收口、搓圆。

第二次发酵、烘烤

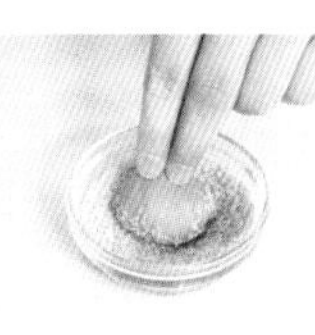

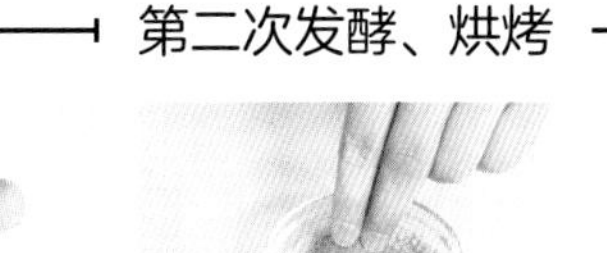

11 各裹上一层白芝麻，放在铺有油纸的烤盘上。

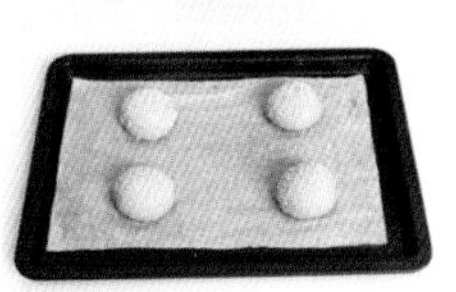

12 将烤盘放入已预热至30℃的烤箱中层，静置发酵约30分钟，再以上、下火165℃的温度烘烤约15分钟即可。

葵花子无花果面包

分量 | 4个
时间 | 烤约15分钟
温度 | 上、下火200℃烘烤

< 材料 >

酵母粉1克
清水60毫升
高筋面粉90克
盐1克
蜂蜜10克
无花果干（切块）40克
葵花子25克
芥花子油10毫升

< 制作步骤 >

搅拌材料

1 将酵母粉倒入装有清水的碗中，搅拌均匀成酵母水。

注意，清水的温度不能高于60℃，否则会杀死酵母。

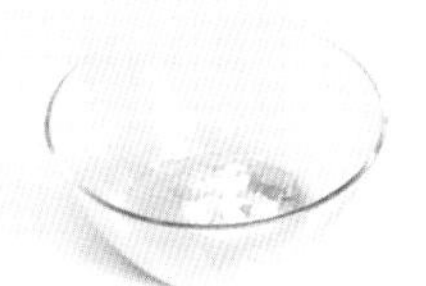

2 将高筋面粉倒入搅拌盆中，再倒入拌匀的酵母水、盐、芥花子油、5克蜂蜜。

3 用橡皮刮刀将搅拌盆中的材料翻拌至无干粉的状态，制成面团。

揉搓面团

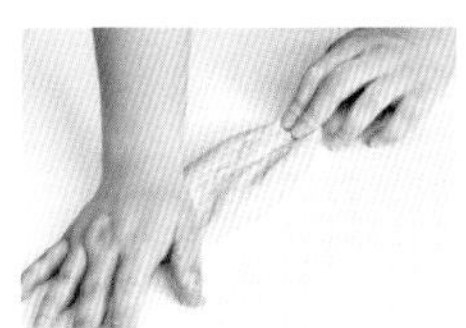

4 取出面团，放在操作台上，反复甩打至面团起筋，再揉至面团表面光滑。

第一次发酵

5 将面团放回搅拌盆中，再盖上保鲜膜，室温下发酵约60分钟。

第二次发酵

6 取出面团放在操作台上，用刮板分切成4等份，进行室温发酵约15分钟。

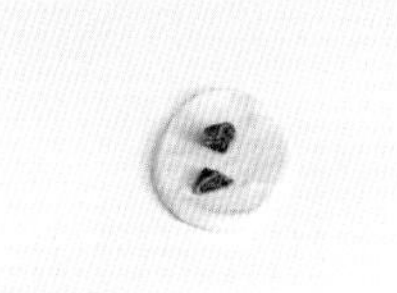

7 将分切好的面团擀成长条形的面团，放上无花果干，再将面团滚圆。

第三次发酵

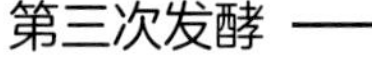

8 给面团刷上剩余蜂蜜，再沾裹上一层葵花子。

9 将面团放在铺有油纸的烤盘上，室温下发酵约40分钟。

烘烤

10 将发酵好的面团放入已预热至200℃的烤箱中层，烤约15分钟，取出放凉即可。

冷藏发酵的方法

在第二次发酵后将面团盖上保鲜膜，冷藏低温发酵，烘烤前40分钟再从冰箱取出，进行第三次发酵后将其放进预热好的烤箱烘烤即可。

南瓜面包

分量 | 3个
时间 | 烤约22分钟
温度 | 上、下火180℃烘烤

< 材料 >

高筋面粉400克
南瓜泥200克
酵母粉8克
细砂糖50克
盐5克
葡萄籽油30毫升
无盐黄油45克
清水50毫升
蛋白适量
南瓜仁适量

< 制作步骤 >

搅拌材料

1 将高筋面粉、酵母粉、细砂糖、盐倒入大玻璃碗中，用手动搅拌器搅匀。

2 倒入葡萄籽油、南瓜泥、清水，用橡皮刮刀翻拌几下，再用手揉成无干粉的面团。

揉搓面团

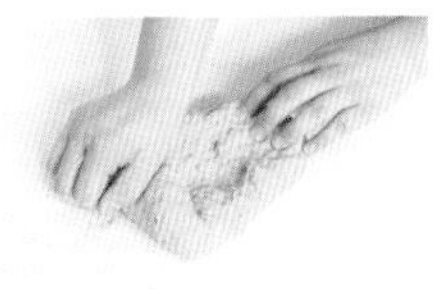

3 取出面团，放在干净的操作台上，反复揉扯、卷起，再搓圆。

4 将面团按扁，放上无盐黄油，收口、折叠，再揉扯、揉匀至面团光滑。

第一次发酵

5 将面团滚圆，放回至大玻璃碗中，封上保鲜膜，室温环境中静置发酵10～15分钟，即成南瓜面团。

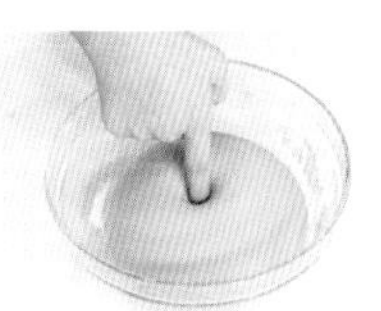

6 撕开保鲜膜，用手指戳一下面团的正中间，以面团没有迅速复原为发酵好的状态。

碗内先涂抹上熔化的黄油，面团发酵后比较容易取出来。

分割

7 取出面团，用刮板分成3等份，收口、搓圆。

8 用刷子刷上一层蛋白，再沾裹上一层南瓜仁，制成南瓜面包坯。

第二次发酵、烘烤

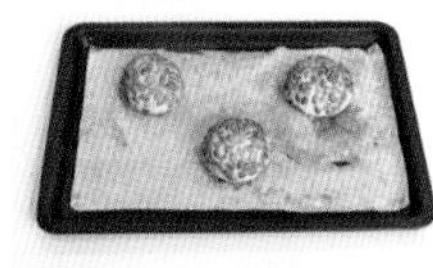

9 取烤盘，铺上油纸，放上南瓜面包坯，再放入已预热至30℃的烤箱中层，发酵30分钟。

10 将烤盘放入已预热至180℃的烤箱中层，烘烤约22分钟即可。

揉面的方式

对于质地柔软的面包，刚开始揉面时往往会特别黏，但千万别因此就撒上面粉，而要有耐心地不断搓揉，直到面团结成一块。

岩盐面包

分量 | 3个
时间 | 烤约20分钟
温度 | 上、下火200℃烘烤

< 材料 >

高筋面粉400克
南瓜泥200克
酵母粉8克
细砂糖50克
盐7克
葡萄籽油30毫升
无盐黄油45克
清水50毫升
谷物杂粮适量

搅拌材料

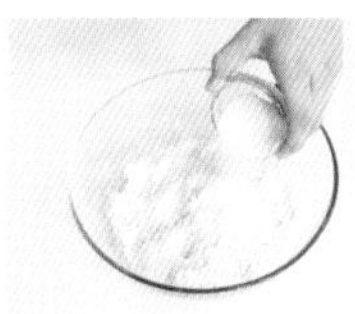

1 将高筋面粉、酵母粉、细砂糖、盐倒入大玻璃碗中，用手动搅拌器搅匀。

2 倒入葡萄籽油、南瓜泥、清水，用橡皮刮刀翻拌几下，再用手揉成无干粉的面团。

揉搓面团

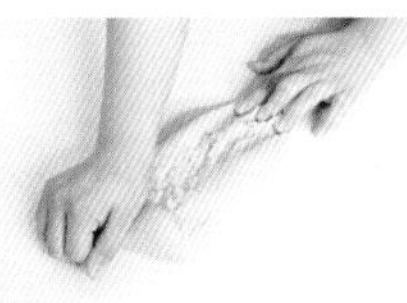

3 取出面团，放在干净的操作台上，反复揉扯、卷起，再搓圆。

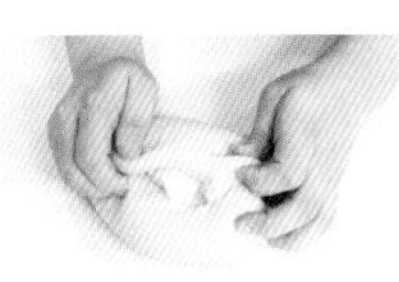

4 将面团按扁，放上无盐黄油，收口、折叠，再揉扯，揉匀至面团光滑。

第一次发酵

5 将面团滚圆，放回大玻璃碗中，封上保鲜膜，室温环境中静置发酵10～15分钟，取出，即成南瓜面团。

6 撕开保鲜膜，用手指戳一下面团的正中间，以面团没有迅速复原为发酵好的状态。

分割成形

7 取出面团，用刮板分成3等份，收口、搓圆。

先称好面团的总重量再将其均分为 3 等份。

8 分别沾裹上一层谷物杂粮，制成岩盐面包坯。

第二次发酵、烘烤

9 取烤盘，铺上油纸，放上岩盐面包坯，再放入已预热至30℃的烤箱中层，静置发酵约30分钟，取出。

10 将烤盘放入已预热至200℃的烤箱中层，烘烤约20分钟即可。

发酵的方法

如果家里的烤箱没有发酵功能，可以在泡沫箱子里倒入约40℃的热水，再用保鲜膜封好装面团的盆，使其间接浮在水面进行发酵，装面团的盆不可直接放在热水上。

椰子餐包

分量 | 3个
时间 | 烤约20分钟
温度 | 上、下火160℃烘烤

< 材料 >

● 面团

高筋面粉306克
低筋面粉56克
细砂糖40克
盐5克
酵母粉7克
清水180毫升
无盐黄油50克
葡萄干10克

● 椰蓉

无盐黄油60克
糖粉30克
椰子粉12克

● 表面材料

鸡蛋液少许
白芝麻少许

<制作步骤>

搅拌材料

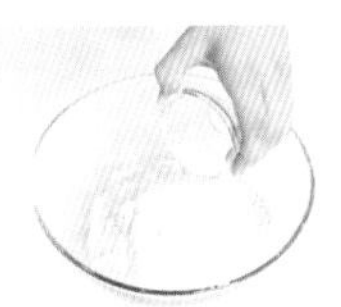

1 将高筋面粉、低筋面粉、细砂糖、盐、酵母粉倒入大玻璃碗中，用手动搅拌器搅匀。

2 倒入清水，用橡皮刮刀翻拌几下，再用手揉成无干粉的面团。

揉搓面团

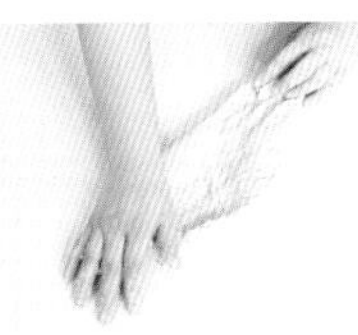

3 取出放在操作台上，反复揉搓、甩打至起筋。

4 将面团按扁，放上无盐黄油，揉扯至面团与无盐黄油混合均匀，再滚圆。

第一次发酵

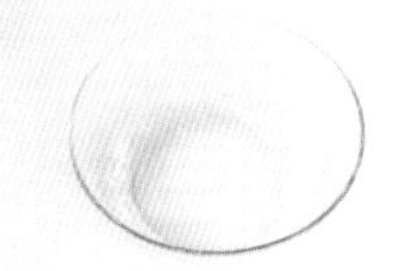

5 将面团放回大玻璃碗中，封上保鲜膜，在室温环境中静置发酵10～15分钟。

制作椰蓉

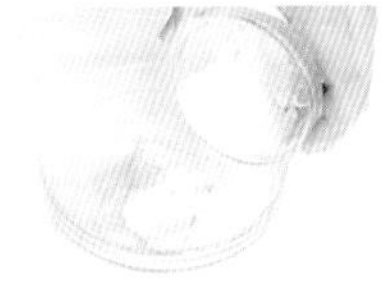

6 将无盐黄油、糖粉倒入小玻璃碗中，用电动搅拌器搅打均匀。

7 倒入椰子粉，继续搅打均匀，制成椰蓉，待用。

分割、成形

8 取出面团，分成3等份，再收口、搓圆，擀成圆形面皮，分别放上椰蓉，收口、搓圆。

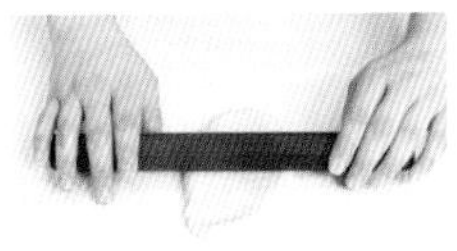

9 将面团擀成长舌形，折叠起来，用刮板切4道口子，再将面团头尾反向旋转扭成辫子状。

10 取模具，放入辫子状的面团，再撒上葡萄干并轻压，制成椰子餐包坯。

第二次发酵、烘烤

11 将椰子餐包坯放入已预热至30℃的烤箱中层，静置发酵30分钟。

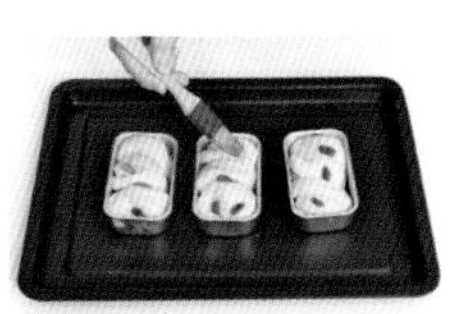

12 在椰子餐包坯上刷鸡蛋液，撒上白芝麻，放入已预热至160℃的烤箱中层，烤约20分钟即可。

烤到一半时间时，可以将烤盘转个方向，面包成色会更均匀。

奶酥面包

分量 | 4个
时间 | 烤约15分钟
温度 | 上、下火170℃烘烤

< 材料 >

高筋面粉140克
低筋面粉37克
奶粉10克
细砂糖20克
酵母粉3克
牛奶75毫升
鸡蛋液25克
汤种面团54克
盐2克
无盐黄油18克
椰丝适量

< 制作步骤 >

搅拌材料

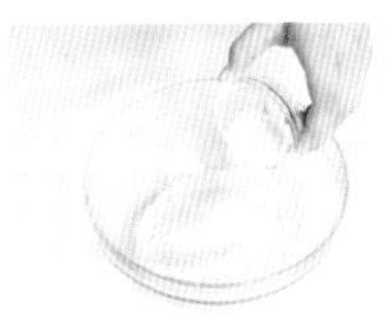

1 将高筋面粉、低筋面粉、奶粉、细砂糖倒入大玻璃碗中，用手动搅拌器搅拌均匀。

2 加入酵母粉、牛奶、鸡蛋液、汤种面团，用橡皮刮刀翻拌几下，再用手揉成团。

揉搓面团

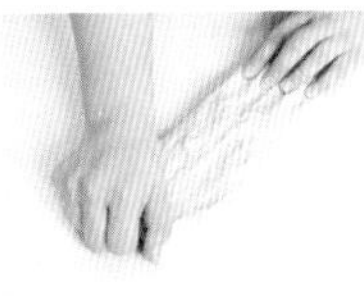

3 取出面团，放在干净的操作台上，将其反复揉扯拉长，再卷起。

使用整个手掌尽可能地上下大幅度揉搓。

4 反复甩打几次，将卷起的面团稍稍搓圆、按扁。

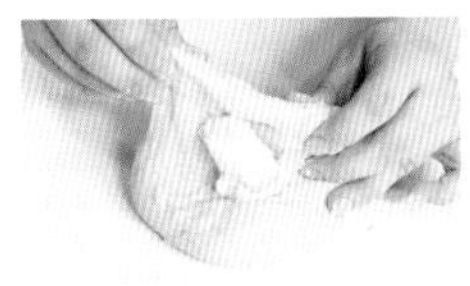

5 放上无盐黄油、盐，收口、揉匀，再将其揉成纯滑的面团。

发酵

6 将面团放回至大玻璃碗中，封上保鲜膜，静置发酵约30分钟。

分割、成形

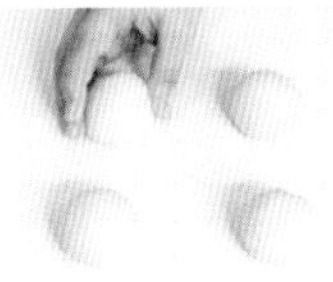

7 撕开保鲜膜，取出面团，用刮板分成4等份，再收口、搓圆。

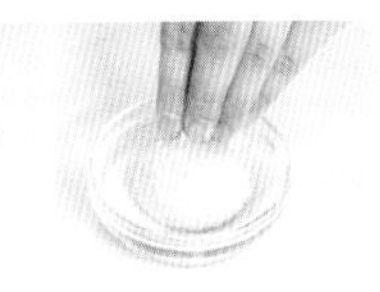

8 沾裹上一层椰丝，再放在铺有油纸的烤盘上。

烘烤

9 用剪刀在面团上剪出“十”字刀口。

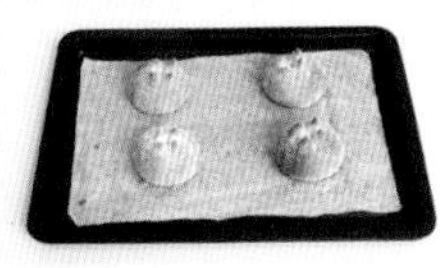

10 将烤盘放入已预热至170℃的烤箱中层，烘烤约15分钟即可。

面粉的正确保存方式

面粉在高温环境下容易变质，最理想的保存方法是将其装进密封容器，放在阴凉、通风、干燥的地方。

蜂蜜甜面包

分量 | 3个
时间 | 烤约16分钟
温度 | 上、下火160℃烘烤

< 材料 >

●面团

高筋面粉85克
奶粉4克
细砂糖25克
鸡蛋液14克
酵母粉2克
牛奶20毫升
清水15毫升
无盐黄油10克
盐1克

●装饰

无盐黄油丁12克
蜂蜜适量
细砂糖适量
蛋黄液适量

< 制作步骤 >

搅拌材料

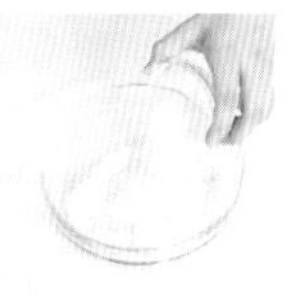

1 将高筋面粉、奶粉、细砂糖、酵母粉倒入大玻璃碗中，用手动搅拌器搅拌均匀。

2 倒入清水、牛奶、鸡蛋液，用橡皮刮刀翻拌均匀成无干粉的面团。

蛋、牛奶平时都放在冰箱中冷藏，要记得恢复室温后再使用。

揉搓面团

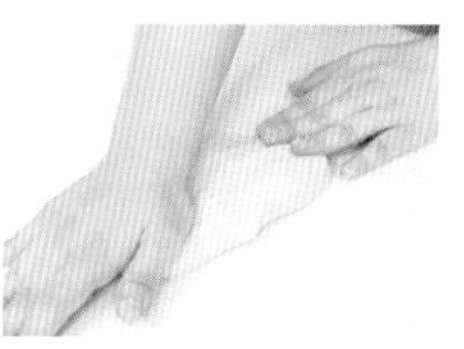

3 将面团放在干净的操作台上，揉搓至面团光滑。

4 将面团按扁，放上无盐黄油、盐，收口后反复揉搓均匀，搓圆。

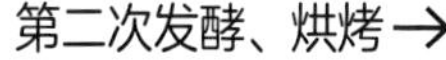

第一次发酵

5 将面团放回至原大玻璃碗中，封上保鲜膜，静置发酵约30分钟。

分割、成形

6 撕掉保鲜膜，取出面团，用刮板分成3等份的小面团。

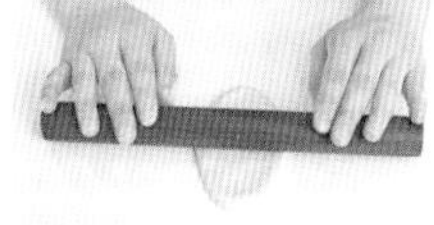

7 用擀面杖将小面团擀成长舌形，压一下一端使其固定，再从另一端卷起成圆筒状。

第二次发酵、烘烤

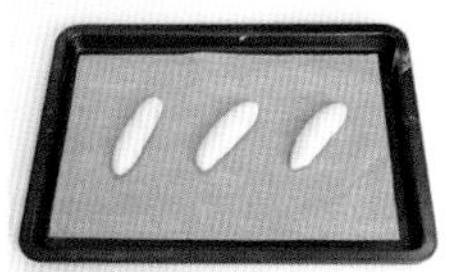

8 将面团放在铺有油纸的烤盘上，放入已预热至30℃的烤箱，二次发酵约40分钟。

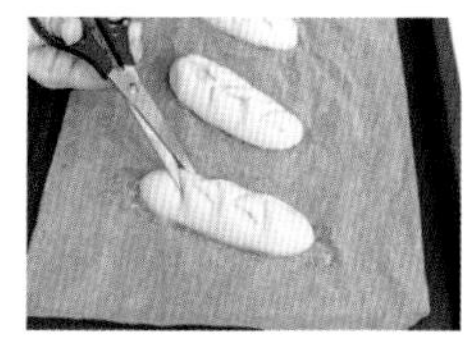

9 取出面团，刷上蛋黄液，用剪刀交叉剪上几刀，放上无盐黄油丁，撒上一层细砂糖。

10 将烤盘放入已预热至160℃的烤箱中层，烤约16分钟，取出烤好的面包，刷上蜂蜜即可。

室温的标准

本食谱中的“室温”是指20～25℃，冬季和夏季的温度差距较大，要注意调节面团发酵的室内温度。

花瓣面包

分量 | 4个
时间 | 烤约15分钟
温度 | 上、下火180℃烘烤

< 材料 >

●面团

高筋面粉25克
低筋面粉110克
细砂糖25克
无盐黄油15克
牛奶50毫升
酵母粉2克
鸡蛋液35克
蔓越莓干50克
盐1克

●装饰

蛋黄液适量

<制作步骤>

搅拌材料 —— 揉搓面团

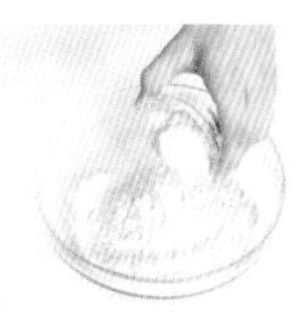

1 将高筋面粉、低筋面粉、细砂糖倒入大玻璃碗中，搅拌均匀。

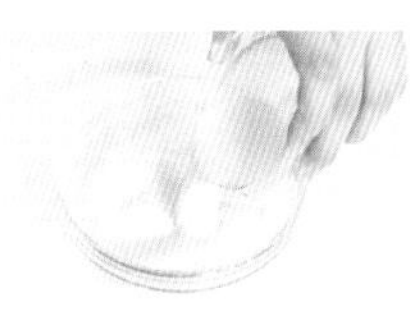

2 将牛奶、酵母粉倒入小玻璃碗中，搅拌均匀。

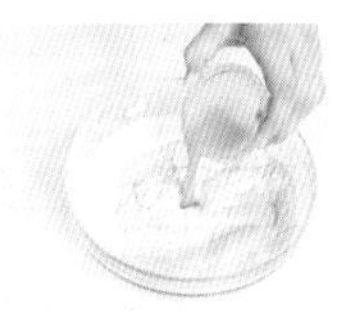

3 将拌匀的酵母牛奶与鸡蛋液倒入大玻璃碗中，用橡皮刮刀翻拌均匀成无干粉的面团。

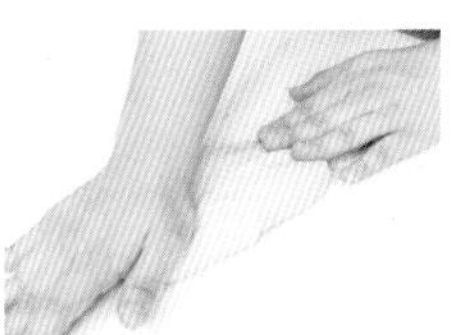

4 取出面团放在操作台上，反复将其按扁、揉扯拉长，再滚圆。

第一次发酵 —— 分割、成形

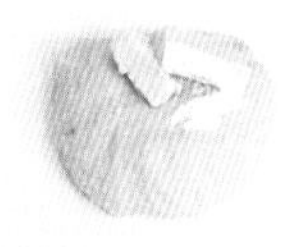

5 再将面团按扁，放上无盐黄油、盐，揉搓至混合均匀。

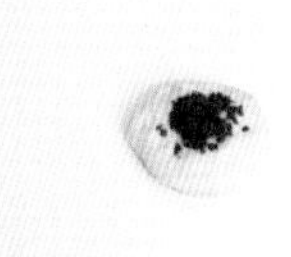

6 反复甩打面团至起筋，再滚圆，按扁，放上蔓越莓干，再次滚圆。

7 将面团放回至原大玻璃碗中，封上保鲜膜，静置发酵约30分钟。

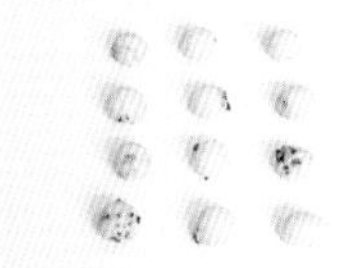

8 撕掉保鲜膜，切成12个重约16克一个的小面团，滚圆，再揉搓成长条。

搓滚面团时，要将两端稍微滚细一些。

第二次发酵、烘烤

9 用3条长面团编成辫子，按照相同方法做完剩余的辫子，制成辫子面包坯。

10 将面包坯放在铺有油纸的烤盘上，放入已预热至30℃的烤箱中层，发酵40分钟。

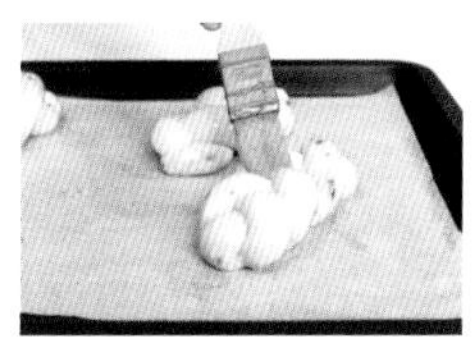

11 取出发酵好的面团，刷上一层蛋黄液。

12 放入已预热至180℃的烤箱中层，烤约15分钟即可。

芝麻面包

分量 |2个
时间 | 烤约18分钟
温度 | 上、下火170℃烘烤

< 材料 >

高筋面粉250克
芝麻粉25克
细砂糖35克
盐3克
酵母粉4克
牛奶50毫升
清水105毫升
黑芝麻5克
无盐黄油30克
汤种面团50克
鸡蛋液少许
杏仁片适量

< 制作步骤 >

搅拌材料 → **揉搓面团** →

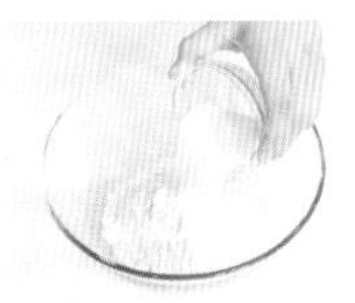

1 将高筋面粉、细砂糖、酵母粉、盐倒入大玻璃碗中，搅拌均匀。

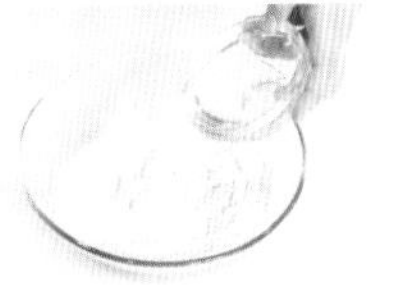

2 碗中放入汤种面团，倒入牛奶、清水，用橡皮刮刀拌成无干粉的面团。

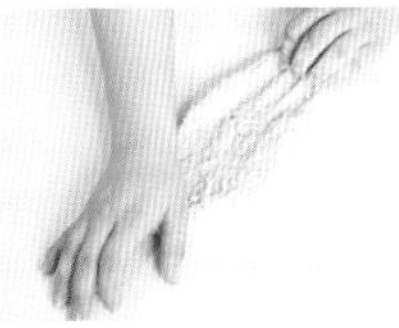

3 取出面团，放在干净的操作台上，反复揉扯面团。

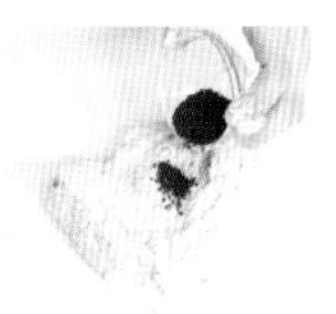

4 将面团扯长，放上黑芝麻、芝麻粉，揉搓均匀，用刮板翻压几次，再揉搓至混合均匀。

发酵 → **分割、成形** →

5 将面团揉扯长，再卷起，收口朝上，按扁后放上无盐黄油，混合均匀，反复甩打至起筋，再揉圆。

6 将面团放回至大玻璃碗中，封上保鲜膜，静置发酵约40分钟。

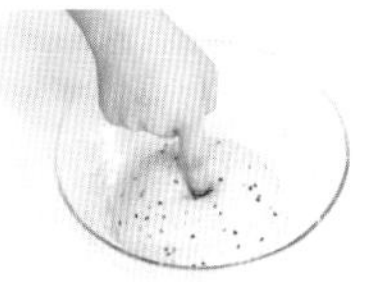

7 撕开保鲜膜，用手指戳一下面团的正中间，以面团没有迅速复原为发酵好的状态。

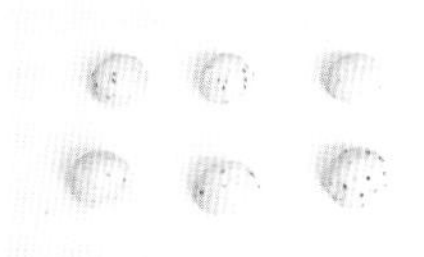

8 取出面团，分切成6等份，再收口、搓圆。

烘烤

9 将面团擀成长舌形面皮，按压长的一边使其固定，再从另一边开始卷起成条状。

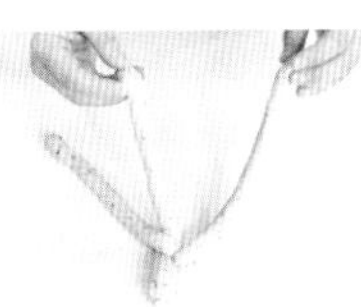

10 取3条长面团，交叉编成辫子状，将两端捏紧，即成面包坯。

每三条长面团一组，等间隔排好，细心编出辫子形状。

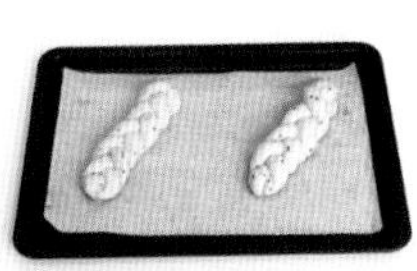

11 取烤盘，铺上油纸，放上面包坯，刷上鸡蛋液，撒上杏仁片。

12 将烤盘放入已预热至170℃的烤箱中层，烘烤约18分钟即可。

超软面包

分量 | 4个
时间 | 烤约18分钟
温度 | 上、下火170℃烘烤

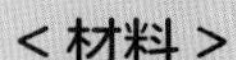

高筋面粉306克
低筋面粉56克
细砂糖40克
盐5克
酵母粉7克
清水180毫升
无盐黄油50克
鸡蛋液少许

< 制作步骤 >

搅拌材料

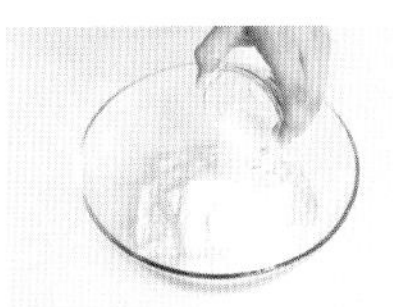

1 将高筋面粉、低筋面粉、细砂糖、盐、酵母粉倒入大玻璃碗中，用手动搅拌器搅匀。

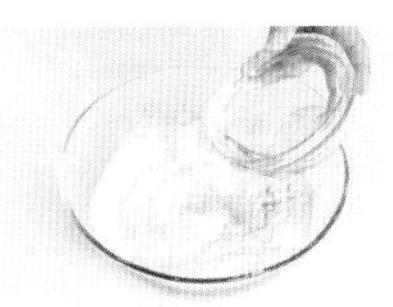

2 倒入清水，用橡皮刮刀翻拌几下，揉成无干粉的面团。

揉搓面团

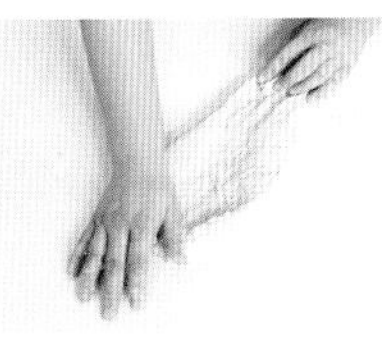

3 取出面团，放在操作台上，反复揉搓、甩打至起筋。

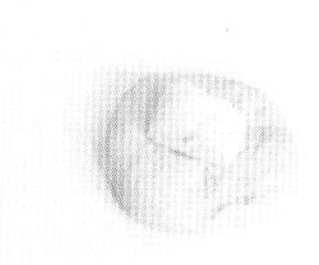

4 将面团按扁，放上无盐黄油，揉扯至面团与无盐黄油混合均匀，揉至表面光滑，再收圆。

第一次发酵

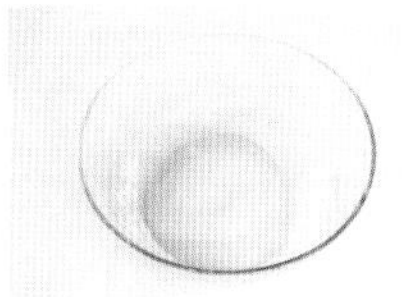

5 将面团放回至大玻璃碗中，封上保鲜膜，室温环境中静置发酵20分钟。

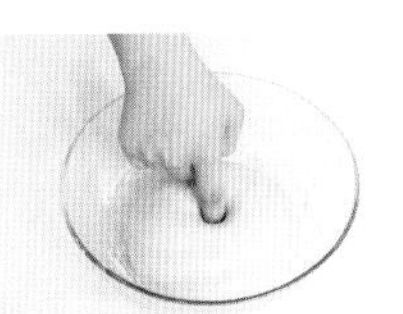

6 撕开保鲜膜，用手指戳一下面团的正中间，以面团没有迅速复原为发酵好的状态。

分割、第二次发酵

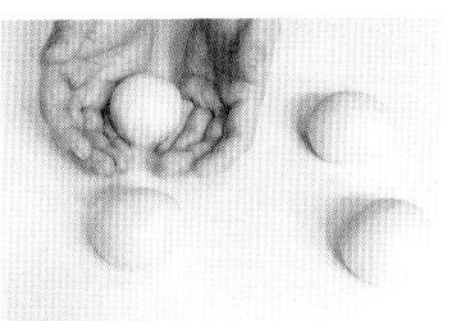

7 取出面团，用刮板分切成4等份，收口、搓圆。

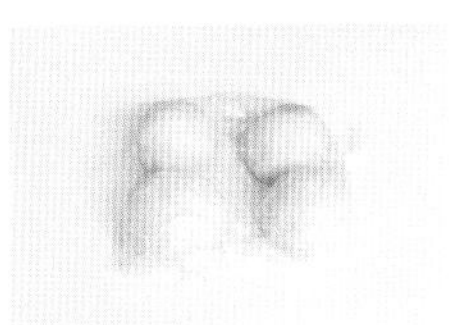

8 盖上保鲜膜，进行松弛发酵10分钟。

成形

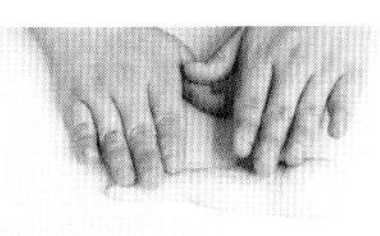

9 将面团揉搓成一头大一头尖的胡萝卜造型。

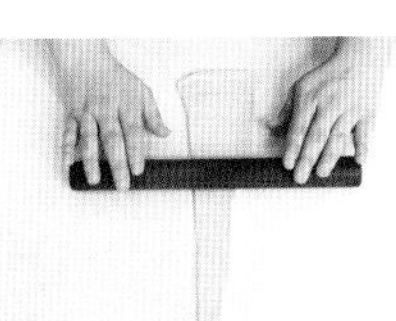

10 用擀面杖从面团大的一头开始，将面团擀成细长的三角形面皮，再卷成卷。

卷到最后时，用手捏紧尾端封口。

第三次发酵、烘烤

11 取烤盘，铺上油纸，放上面包坯，再次常温下发酵30分钟，刷上一层鸡蛋液。

12 将烤盘放入已预热至170℃的烤箱中层，烤约18分钟即可。

胡萝卜面包

分量 | 6个
时间 | 烤约20分钟
温度 | 上、下火180℃烘烤

< 材料 >

高筋面粉220克
胡萝卜汁133克
细砂糖18克
盐3克
蜂蜜5克
鸡蛋液20克
酵母粉4克
无盐黄油25克
蛋黄液适量

< 制作步骤 >

搅拌材料

1 将高筋面粉、细砂糖、盐、酵母粉倒入大玻璃碗中，用手动搅拌器拌匀。

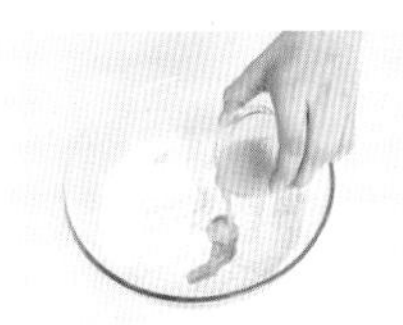

2 倒入蜂蜜、鸡蛋液、胡萝卜汁，用橡皮刮刀翻拌均匀成无干粉的面团。

揉搓面团

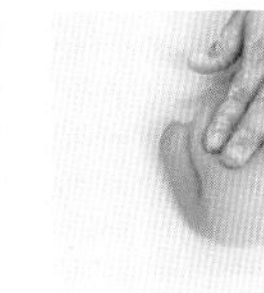

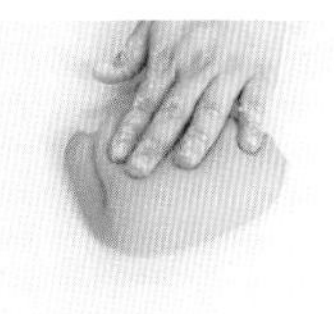

3 取出面团，反复揉扯、甩打，再滚圆成光滑的面团。

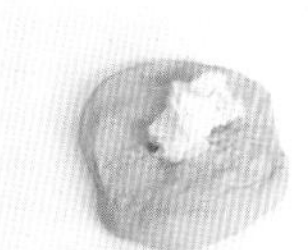

4 将面团按扁，放上无盐黄油，收口、甩打面团，再揉搓至混合均匀。

第一次发酵

5 将面团放回至大玻璃碗中，封上保鲜膜，静置发酵约40分钟。

分割、成形

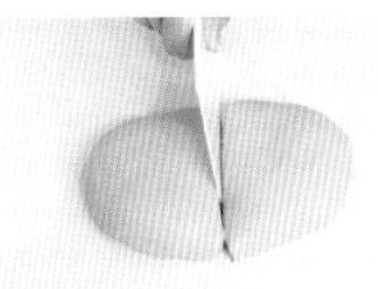

6 取出发酵好的面团，用刮板分成2等份，分别收口、搓圆。

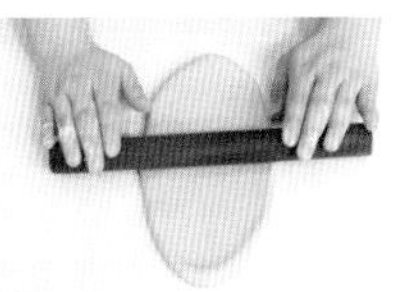

7 用擀面杖擀成长舌形，用手按压一边使其固定，再从另一边开始卷成卷。

擀开面团时，要用滚动擀面杖的方式进行。

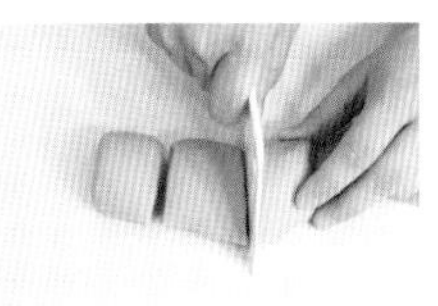

8 分别用刮板分成3等份，收口、搓圆，制成6个面团。

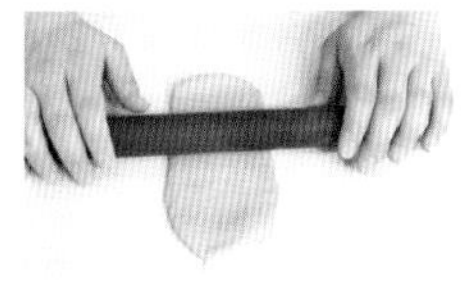

9 用擀面杖先后将面团擀成宽约3厘米的长舌形，再卷成卷，制成面包坯。

第二次发酵、烘烤

10 取圆形面包模具，放入面包坯，再放入已预热至30℃的烤箱中层，静置发酵约30分钟。

11 取出发酵好的面包坯，刷上一层蛋黄液。

12 将面包坯放入已预热至180℃的烤箱中层，烘烤约20分钟即可。

蓝莓方格面包

分量 | 1个
时间 | 烤约18分钟
温度 | 上、下火180℃烘烤

< 材料 >

高筋面粉250克
可可粉15克
奶粉7克
酵母粉2克
牛奶125毫升
鸡蛋25克
无盐黄油25克
盐2克
糖粉适量
蓝莓果酱适量
清水少许

搅拌材料

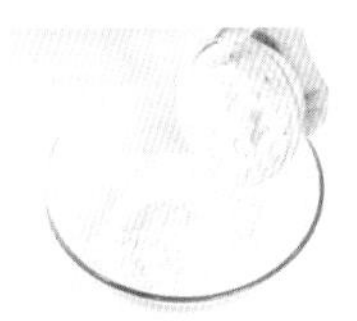

1 将高筋面粉、可可粉、奶粉、酵母粉倒入大玻璃碗中，用手动搅拌器搅拌均匀。

2 放入鸡蛋，分次加入牛奶，用橡皮刮刀翻拌均匀成无干粉的面团。

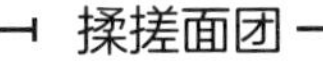

揉搓面团

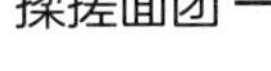

3 取出面团，放在操作台上，加入盐和无盐黄油，揉搓至混合均匀。

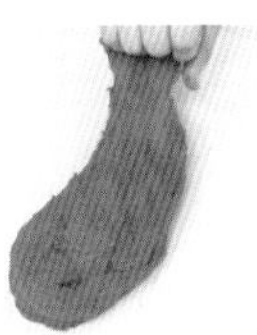

4 用手抓住面团的一角，将面团用力甩打，一直重复此动作到面团光滑。

第一次发酵、成形

5 将面团滚圆，放入大玻璃碗中，盖上湿布，静置发酵约20分钟。

6 取出面团，将其擀成长圆形，用橡皮刮刀刷上一层蓝莓果酱，卷起，两旁捏紧收口。

可以根据自己的口味，加入其他馅料。

第二次发酵、烘烤

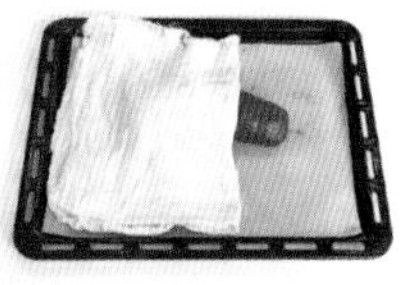

7 放入铺了油纸的烤盘中，喷上少许水，盖上湿布，静置发酵约45分钟。

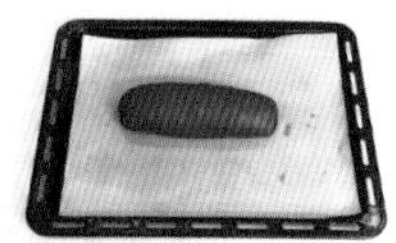

8 将发酵好的面团放入预热至180℃的烤箱中烤约18分钟。

装饰

9 取一张干净的白纸，剪出平行且大小一致的长方形缺口，盖在面包表面，撒上糖粉。

10 去掉白纸，用刀将面包切成5等份即可。

糖粉的用处

在面包的表面撒上糖粉，除了可起到装饰作用，还能起到防潮的效果。

香草佛卡夏面包

分量 | 3个
时间 | 烤约23分钟
温度 | 上、下火180℃，转上、下火190℃烘烤

< 材料 >

高筋面粉238克
老面56克
酵母粉4克
细砂糖25克
盐5克
清水153毫升
芥花子油25毫升
鸡蛋液少许
迷迭香少许
大蒜（切条）少许

< 制作步骤 >

搅拌材料 —— 揉搓面团 —— 第一次发酵、成形 →

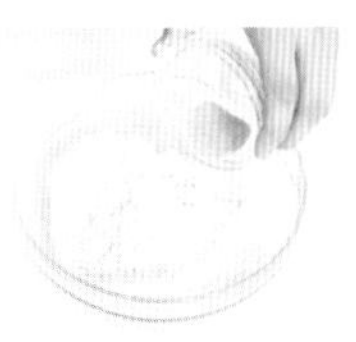
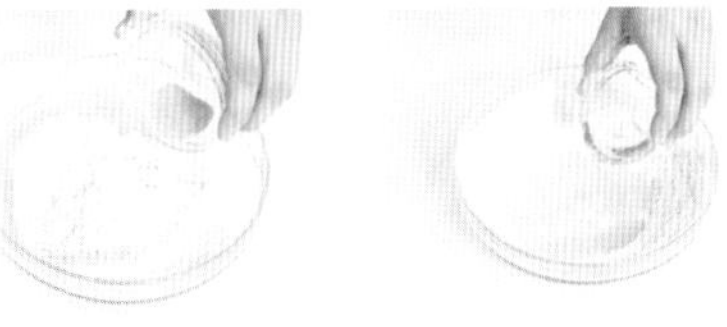

1 将高筋面粉、酵母粉、细砂糖、盐倒入大玻璃碗中，搅拌均匀。

2 倒入清水、芥花子油，放入老面，用橡皮刮刀翻压几下，再用手揉成无干粉的团。

3 取出面团，放在干净的操作台上，反复揉扯、甩打至光滑，搓圆。

4 将面团放回至大玻璃碗中，封上保鲜膜，室温环境中静置发酵约15分钟。

—— 第二次发酵 ——

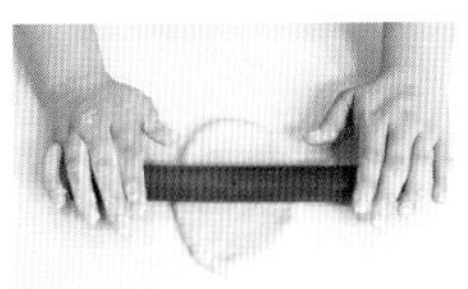

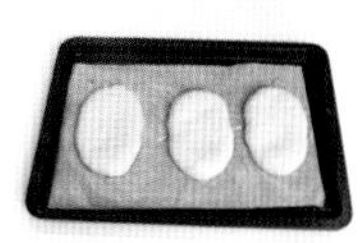

5 取出面团，用刮板分切成3等份，再收口、搓圆。

6 将面团擀成长舌形面皮。

擀面时不宜撒太多干面粉，以免面团变得干燥。

7 将面皮放在铺有油纸的烤盘上，用叉子均匀插出气孔，再盖上保鲜膜。

8 将烤盘放入已预热至30℃的烤箱中层，静置发酵约30分钟。

第三次发酵、烘烤 ——

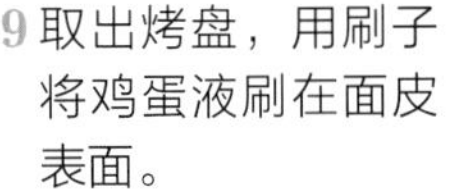
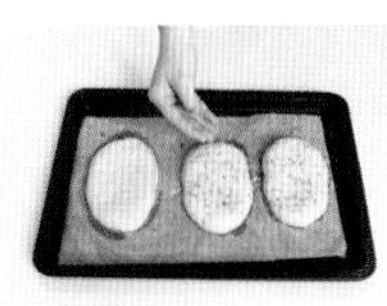

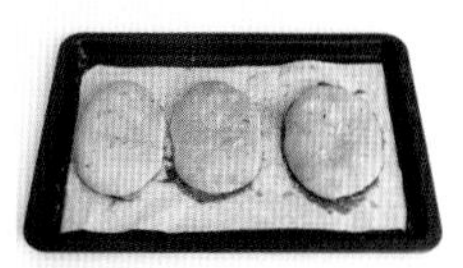

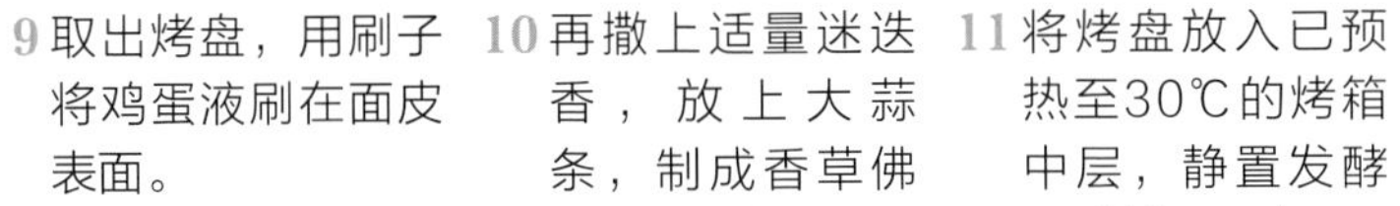

9 取出烤盘，用刷子将鸡蛋液刷在面皮表面。

10 再撒上适量迷迭香，放上大蒜条，制成香草佛卡夏面包坯。

11 将烤盘放入已预热至30℃的烤箱中层，静置发酵30分钟，取出。

12 将烤盘放入已预热至180℃的烤箱中层，烘烤约15分钟，再转190℃烤约8分钟即可。

全麦核桃贝果面包

分量 | 4个
时间 | 烤约23分钟
温度 | 上、下火180℃，转上、下火190℃烘烤

< 材料 >

●面团

高筋面粉160克
全麦面粉40克
核桃仁碎35克
细砂糖8克
蓝莓50克
鸡蛋（1个）55克
酵母粉4克
盐3克
清水少许

●汆烫糖水

细砂糖50克
清水500毫升

< 制作步骤 >

搅拌材料

揉搓面团

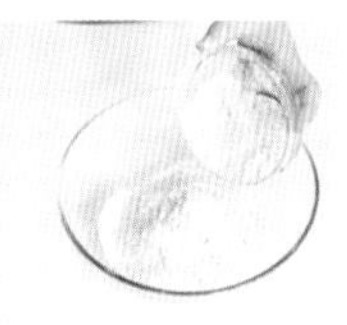

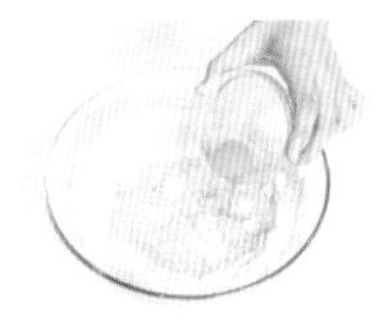

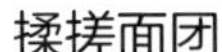

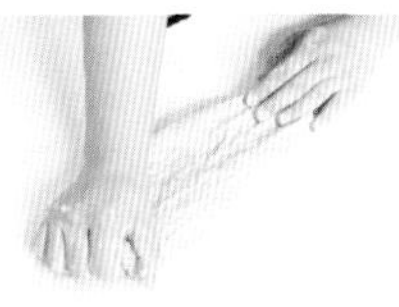

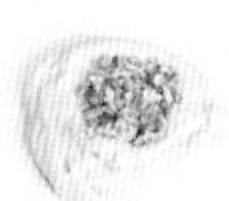

1 将高筋面粉、酵母粉、盐、细砂糖、全麦面粉倒入大玻璃碗中，用手动搅拌器搅拌均匀。

2 倒入清水、鸡蛋，用橡皮刮刀翻压成团，用手揉几下。

3 取出面团，放在干净的操作台上，反复揉扯、翻压、甩打，揉搓至光滑。

4 将面团按扁，放上核桃仁碎，揉几下，再用刮板翻压、搓圆。

第一次发酵

分割、第二次发酵

成形

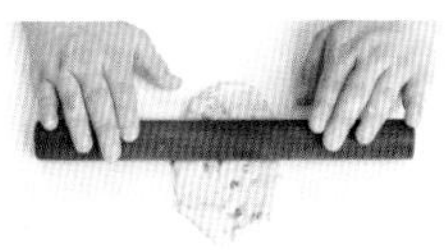

5 将面团放回至大玻璃碗中，封上保鲜膜，常温下静置发酵10～15分钟。

6 撕开保鲜膜，用手指戳一下面团的正中间，以面团没有迅速复原为发酵好的状态。

7 取出面团，用刮板分成4等份，收口、搓圆，再盖上保鲜膜，进行松弛发酵10分钟。

8 撕开保鲜膜，将面团擀成长舌形，按压长的一边使其固定，再从另一边开始卷成条。

烫面团

烘烤

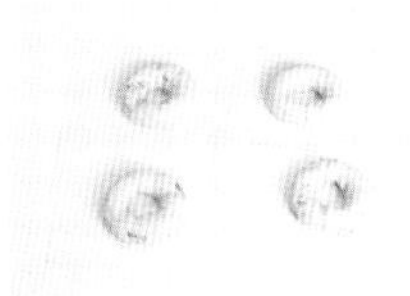

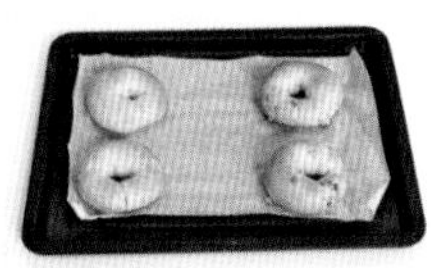

9 按压条形面团的一端使其固定，由另一端开始将面团卷成首尾相连的圈，再放在比面团稍大的油纸上，即成全麦核桃贝果坯。

10 锅中倒入清水、细砂糖，用中火煮至沸腾。

不需要用大火煮到咕嘟沸腾，水只要加热到锅底布满气泡的程度即可。

11 放入全麦核桃贝果坯，两面各烫20秒，捞出沥干水分，放在铺有油纸的烤盘上。

12 将烤盘放入已预热至180℃的烤箱中层，烘烤约15分钟，再转190℃，烘烤约8分钟即可。

甜甜圈

分量 | 4个
时间 | 炸约2分钟
温度 | 油温180℃

< 材料 >

高筋面粉250克
鸡蛋（1个）55克
奶粉8克
酵母粉7克
细砂糖38克
盐3.5克
无盐黄油25克
高筋面粉（用于沾裹在面包表面）适量
芥花子油适量
清水100毫升
细砂糖（用于沾裹在面包表面）适量

<制作步骤>

搅拌材料

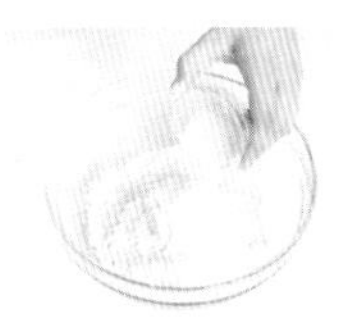

1 将高筋面粉、奶粉、酵母粉、细砂糖、盐倒入大玻璃碗中，用手动搅拌器搅拌均匀。

2 倒入鸡蛋、清水，用橡皮刮刀翻压成团，用手揉几下。

揉搓面团

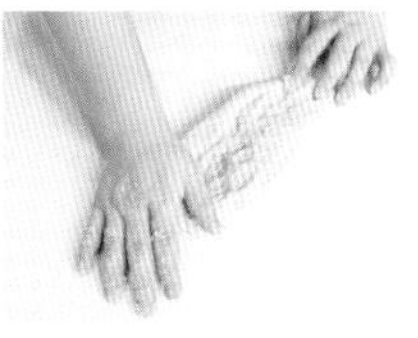

3 取出面团，放在干净的操作台上，反复揉扯、翻压、甩打，揉搓至光滑。

4 将面团按扁，放上无盐黄油，揉搓至无盐黄油被完全吸收，再甩打几次，将面团搓圆。

第一次发酵

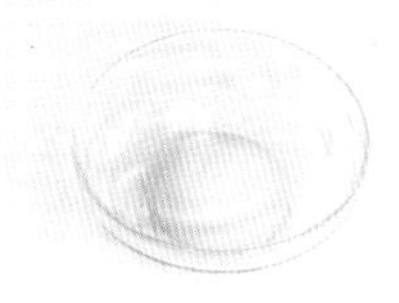

5 将面团放回至大玻璃碗中，封上保鲜膜，常温下静置发酵10～15分钟。

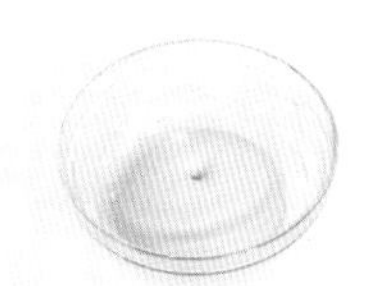

6 撕开保鲜膜，用手指戳一下面团的正中间，以面团没有迅速复原为发酵好的状态。

分割、第二次发酵

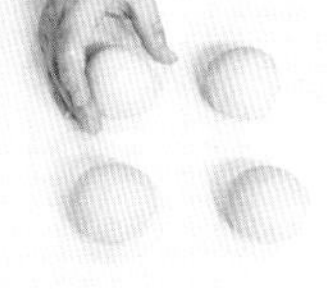

7 取出面团，用刮板分成4等份，收口、搓圆，再盖上保鲜膜，进行松弛发酵10分钟。

成形

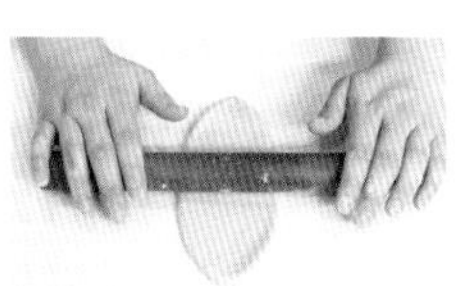

8 撕开保鲜膜，将面团擀成长舌形，按压长的一边使其固定，再从另一边开始卷成条。

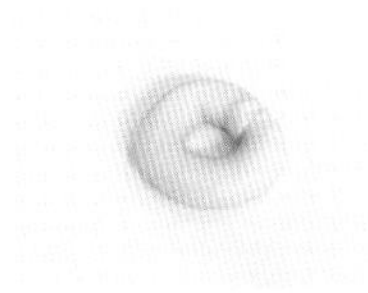

9 按压条形面团的一端使其固定，由另一端开始将面团卷成首尾相连的圈。

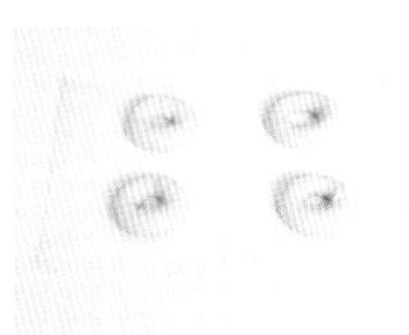

10 再放在撒有高筋面粉的油纸上，即成甜甜圈坯。

油炸

11 锅中倒入适量芥花子油，用中火加热，放入甜甜圈坯，炸至深黄色，捞出沥干油分。

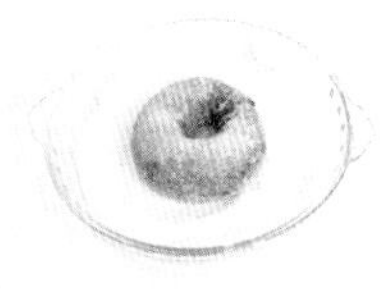

12 沾裹上一层细砂糖，即成甜甜圈，装入盘中即可。

方形白吐司

分量 | 1个
时间 | 烤约30分钟
温度 | 上、下火180℃烘烤

< 材料 >

高筋面粉141克
中种面团270克
鸡蛋（1个）55克
奶粉25克
细砂糖57克
盐10克
无盐黄油30克
清水14毫升

< 制作步骤 >

搅拌材料

1 将高筋面粉、奶粉、细砂糖、盐倒入大玻璃碗中，搅拌均匀。

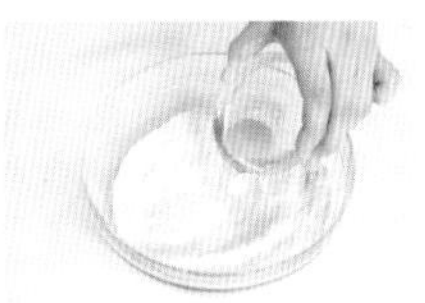

2 倒入鸡蛋、清水，再放入中种面团，揉搓成团。

揉搓面团

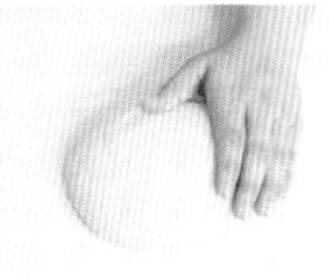

3 取出面团，放在操作台上，反复甩打、揉扯，滚圆。

4 按扁后放上无盐黄油，揉搓均匀，再搓圆。

第一次发酵

5 将面团放回至大玻璃碗中，封上保鲜膜，放入已预热至38℃的烤箱中层，静置发酵30分钟。

分割、成形

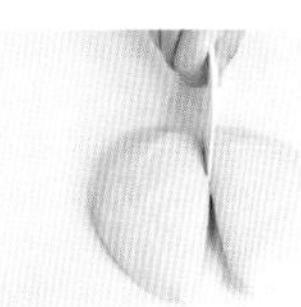

6 取出面团，用刮板分切成2等份，收口、滚圆。

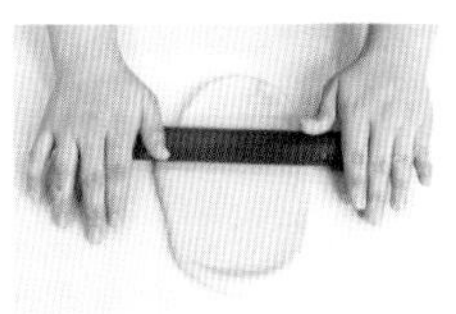

7 用擀面杖擀成椭圆形的薄面皮。

8 再卷成卷，制成吐司坯，放入内壁抹上无盐黄油（分量外）、撒上高筋面粉（分量外）的吐司模具中。

内壁抹上无盐黄油、撒上高筋面粉是为了防止吐司粘在模具上。

第二次发酵、烘烤

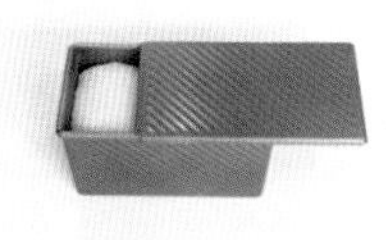

9 盖上吐司模具盖子，放入已预热至30℃的烤箱中层，静置发酵约50分钟，取出。

10 将发酵好的吐司坯放入已预热至180℃的烤箱中层，烤约30分钟至表面上色即可。

中种面团的做法

将564克高筋面粉、8克酵母粉搅匀，倒入340毫升清水，揉搓成面团，封上保鲜膜，静置发酵约50分钟，即成中种面团。

山行脆皮吐司

分量 | 1个
时间 | 烤约40分钟
温度 | 上、下火200℃，转上、下火180℃烘烤

< 材料 >

高筋面粉175克
低筋面粉75克
中种面团50克
清水150毫升
酵母粉3.5克
盐4.5克
无盐黄油适量

< 制作步骤 >

搅拌材料

揉搓面团

第一次发酵

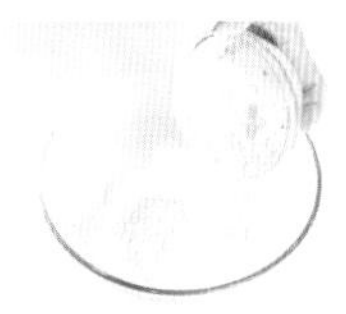

1 将高筋面粉、低筋面粉、酵母粉、盐倒入大玻璃碗中，开窝。

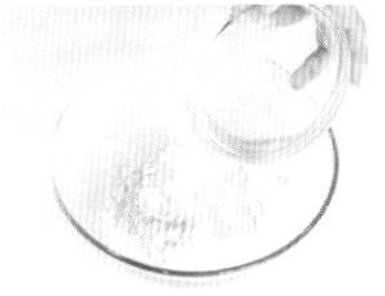

2 倒入清水，放入中种面团揉搓均匀。

3 取出面团，放在干净的操作台上，反复甩打、揉扯，再收口、搓圆成光滑的面团。

4 将面团放回大玻璃碗中，封上保鲜膜，放入已预热至30℃的烤箱，静置发酵约30分钟。

分割、成形

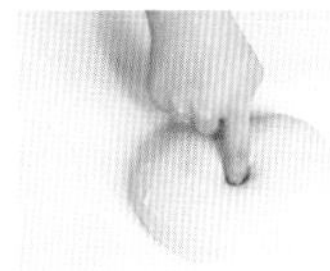

5 撕开保鲜膜，取出面团，用手指戳一下面团的正中间，以面团没有迅速复原为发酵好的状态。

6 用刮板将面团分成2等份，再搓圆。

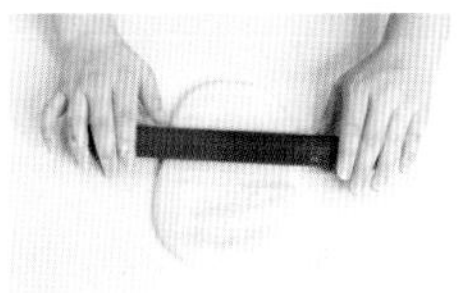

7 将面团擀成厚度约为1厘米的长舌形扁面皮，再卷成卷，即成吐司坯。

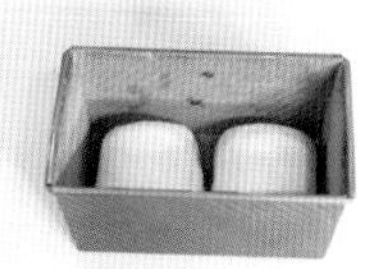

8 取吐司模具，往内壁抹上无盐黄油（分量外），再撒上高筋面粉（分量外）后抹匀，将吐司坯放入模具内。

第二次发酵、烘烤

9 将模具放入已预热至30℃的烤箱中层，静置发酵约50分钟，取出。

面团膨胀后，顶端几乎和模具等高。

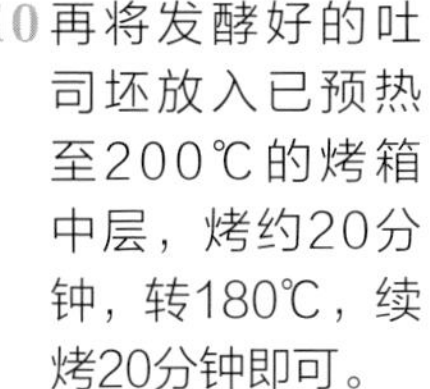

10 再将发酵好的吐司坯放入已预热至200℃的烤箱中层，烤约20分钟，转180℃，续烤20分钟即可。

力道要一致

在成形过程中，用擀面杖排出气体以及卷起面团时，力道都要相同。

核果面包

分量 | 1个
时间 | 烤约30分钟
温度 | 上、下火190℃烘焙

< 材料 >

高筋面粉250克
细砂糖37克
清水100毫升
牛奶25毫升
鸡蛋25克
酵母粉3克
盐3克
黑芝麻粉25克
无盐黄油25克
核桃仁碎45克

搅拌材料

1 将高筋面粉、黑芝麻粉、酵母粉、细砂糖倒入大玻璃碗中，用手动搅拌器搅拌均匀。

2 倒入鸡蛋、清水、牛奶，翻拌成无干粉的面团。

揉搓面团

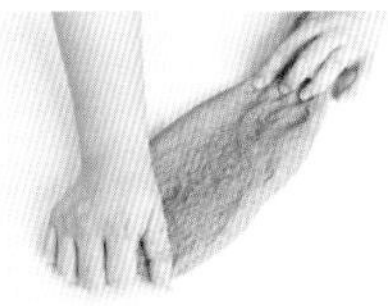

3 取出面团，放在操作台上，反复揉搓、甩打至起筋，再卷起、按扁。

4 放上无盐黄油、盐，反复揉扯至无盐黄油与面团混合均匀，反复甩打至起筋，再滚圆。

第一次发酵

5 将面团放回大玻璃碗中，封上保鲜膜，室温环境中静置发酵15分钟。

6 取出面团放在操作台上，将面团按扁，放上核桃仁碎，揉搓几下，用刮板切成几块后叠加在一起，再搓圆。

第二次发酵

7 将搓圆的面团再次放入大玻璃碗中，封上保鲜膜，进行松弛发酵10分钟。

8 撕开保鲜膜，用手指戳一下面团的正中间，以面团没有迅速复原为发酵好的状态。

成形

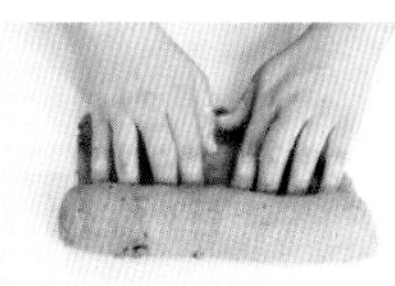

9 取出面团放在干净的操作台上，用擀面杖擀成长片状，按压一边使其固定，再从另一边开始卷成卷，制成面包坯。

10 取吐司模具，往吐司模具内壁刷上无盐黄油（分量外），撒上少许高筋面粉（分量外）后抹匀，再放入面包坯。

第三次发酵、烘烤

11 盖上吐司模具盖子，放入已预热至30℃的烤箱中层，静置发酵约30分钟，取出。

12 再放入已预热至190℃的烤箱中层，烤约30分钟，取出脱模即可。

刚出炉的面包要尽快脱模，否则面包与模具之间的水蒸气会使面包受潮。

菠菜吐司

分量 | 1个
时间 | 烤约25分钟
温度 | 上、下火190℃烘烤

< 材料 >

●菠菜面团

高筋面粉250克
菠菜汁85克
奶粉5克
盐3克
细砂糖15克
酵母粉4克
无盐黄油20克

●原味面团

高筋面粉166克
奶粉5克
盐3克
细砂糖10克
酵母粉4克
无盐黄油20克
清水120毫升

<制作步骤>

制作菠菜面团

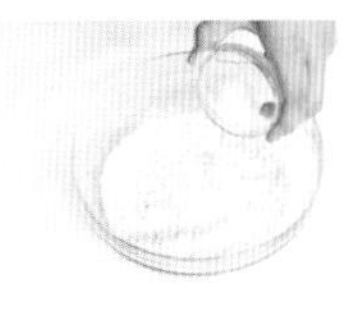

1 将高筋面粉、奶粉、盐、细砂糖、酵母粉倒入大玻璃碗中，用手动搅拌器搅拌均匀。

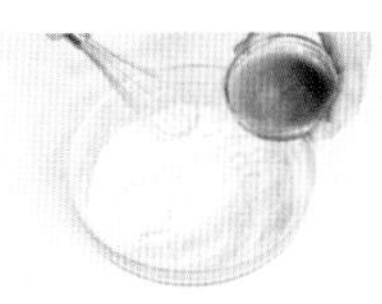

2 倒入菠菜汁，翻拌至无干粉，再用手按揉几下，倒在操作台上。

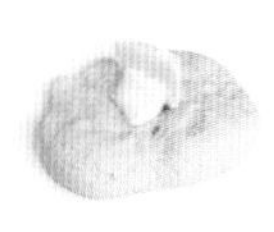

3 反复揉扯、甩打，放上无盐黄油，揉搓成光滑的面团，即成菠菜面团。

4 将面团放回至大玻璃碗中，封上保鲜膜，室温环境中静置发酵约40分钟。

制作原味面团

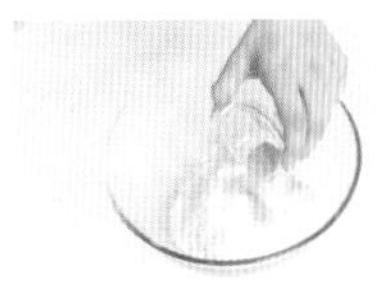

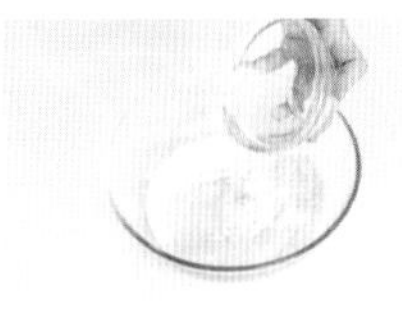

5 将高筋面粉、奶粉、盐、细砂糖、酵母粉倒入另一个大玻璃碗中，用手搅拌器搅拌均匀。

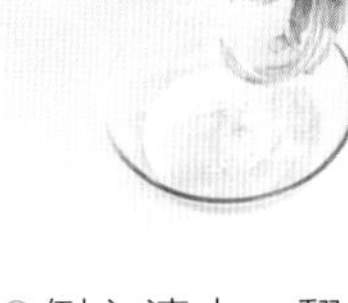

6 倒入清水，翻拌至无干粉。

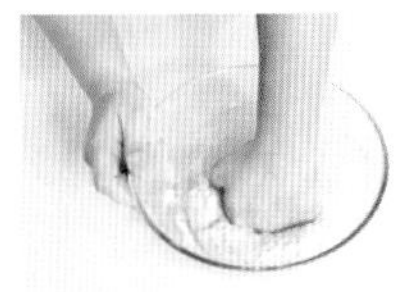

7 反复揉扯、甩打，放上无盐黄油，揉搓成光滑的面团，即成原味面团。

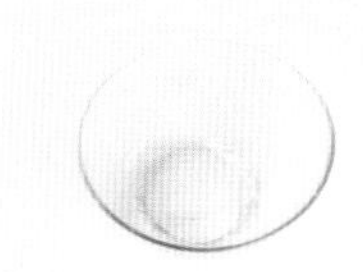

8 将面团放回至大玻璃碗中，封上保鲜膜，室温环境中静置发酵约30分钟。

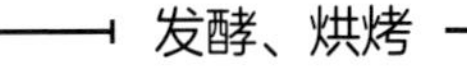

成形

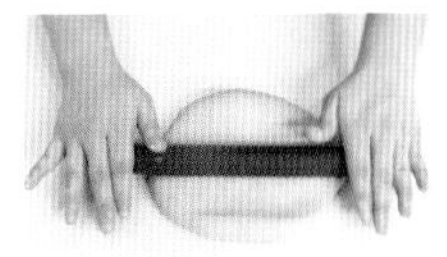

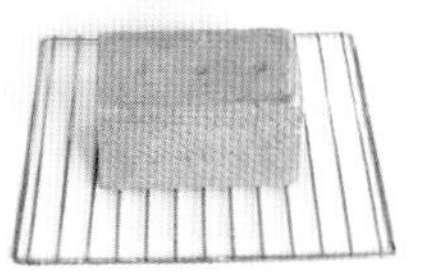

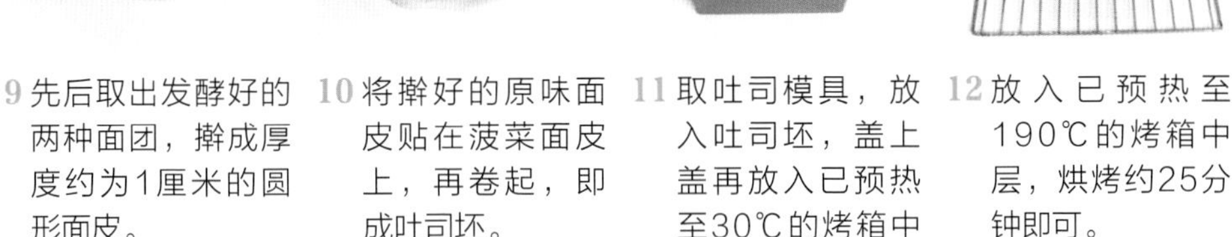

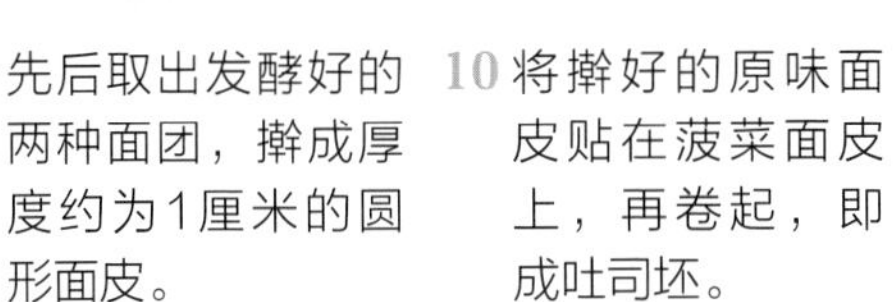

9 先后取出发酵好的两种面团，擀成厚度约为1厘米的圆形面皮。

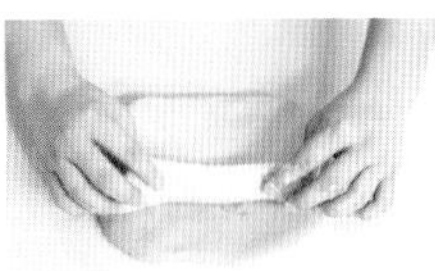

10 将擀好的原味面皮贴在菠菜面皮上，再卷起，即成吐司坯。

发酵、烘烤

11 取吐司模具，放入吐司坯，盖上盖再放入已预热至30℃的烤箱中层，静置发酵约90分钟，取出。

12 放入已预热至190℃的烤箱中层，烘烤约25分钟即可。

第三章
超有料的夹馅面包

在美味的面包中加入多种馅料，
让面包的滋味变得丰富多彩。
本章节将教你制作健康与美味并重、
外形同内在双赢的夹馅面包。

红豆面包

分量 |3个
时间 | 炸约2～3分钟
温度 | 油温180℃

< 材料 >

高筋面粉250克
鸡蛋（1个）55克
奶粉8克
酵母粉7克
细砂糖38克
盐3.5克
无盐黄油25克
红豆粒15克
面包糠适量
芥花子油适量
清水100毫升

< 制作步骤 >

搅拌材料

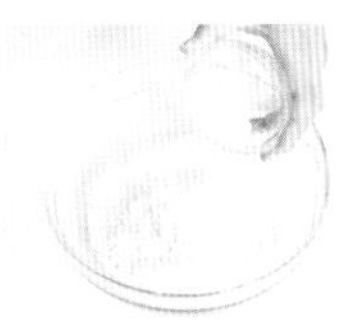

1 将高筋面粉、奶粉、酵母粉、细砂糖、盐倒入大玻璃碗中，用手动搅拌器搅拌均匀。

2 倒入鸡蛋、清水，用橡皮刮刀翻压成团，再用手揉几下，制成面团。

揉搓面团

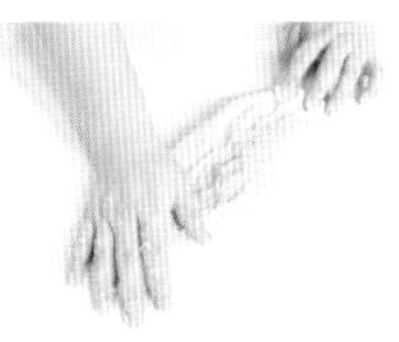

3 取出面团，放在干净的操作台上，反复揉扯、翻压、甩打，揉搓至光滑。

4 将面团按扁，放上无盐黄油，揉搓至无盐黄油被完全吸收，再甩打几次，将面团搓圆。

第一次发酵

5 将面团放回至大玻璃碗中，封上保鲜膜，常温下静置发酵10～15分钟。

6 撕开保鲜膜，用手指戳一下面团的正中间，以面团没有迅速复原为发酵好的状态。

分割、成形

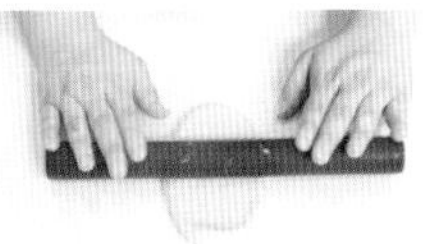

7 取出面团，用刮板分成3等份，再分别将面团擀成长舌形，按压一边使其固定。

8 放上红豆粒，卷起、收口，搓成橄榄形。

第二次发酵

9 将面团放在撒有高筋面粉（分量外）的油纸上，盖上保鲜膜，进行松弛发酵约10分钟。

发酵的最佳温度是26～28℃。

10 取出面团，沾裹上一层面包糠，制作成红豆面包生坯。

油炸

11 锅中倒入适量芥花子油，用中火加热至八成热，放入红豆面包坯。

12 炸至深黄色，捞出，沥干油分，装入盘中即可。

黑巧克力面包

分量 | 4个
时间 | 烤约15分钟
温度 | 上、下火170℃烘烤

< 材料 >

●面团

高筋面粉200克
黑巧克力（4块）60克
巧克力豆15克
奶粉5克
可可粉5克
细砂糖15克
盐3克
酵母粉5克
无盐黄油15克
清水150毫升

●表面材料

高筋面粉少许

< 制作步骤 >

搅拌材料 → 揉搓面团 →

1 将高筋面粉、奶粉、细砂糖、盐、酵母粉倒入大玻璃碗中，用手动搅拌器搅拌均匀。

2 倒入可可粉，拌匀，倒入清水，用橡皮刮刀翻压几下，用手揉搓成团。

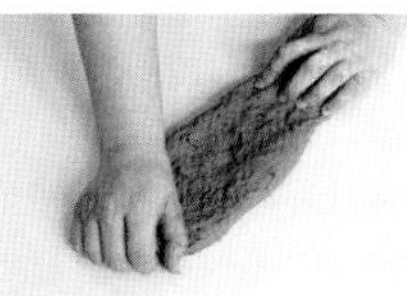

3 取出面团，放在干净的操作台上，将其反复揉扯拉长、甩打，再搓圆。

4 将面团稍稍按扁，放上无盐黄油，用手抓匀，揉至无盐黄油与面团完全混合均匀，再揉圆。

第一次发酵 → 分割、成形 →

5 再次将面团按扁，放上巧克力豆，揉搓均匀，甩打几次至面团起筋，将面团搓圆。

6 将面团放回至大玻璃碗中，封上保鲜膜，静置发酵约40分钟。

7 撕开保鲜膜，用手指戳一下面团的正中间，以面团没有迅速复原为发酵好的状态。

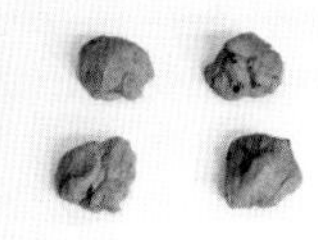

8 取出面团放在操作台上，用刮板将面团分成4等份，再收口、滚圆。

表面圆润，整体质地紧致，就说明面团滚圆了。

第二次发酵 → 烘烤 →

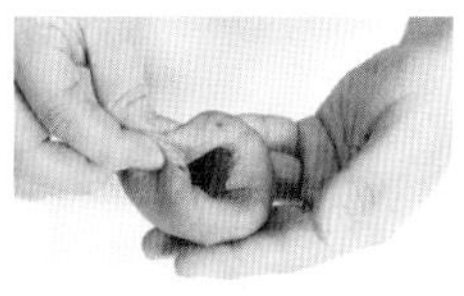

9 将面团按扁，放上黑巧克力块，再收口、搓圆，即成黑巧克力面包坯。

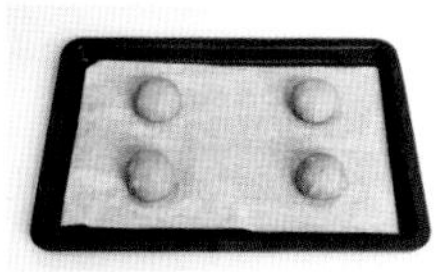

10 取烤盘，铺上油纸，放上黑巧克力面包坯，放入已预热至30℃的烤箱中层，静置发酵约30分钟。

11 取出面团，筛上一层高筋面粉。

12 用刀片割出“十”字痕，放入已预热至170℃的烤箱中层，烘烤15分钟即可。

燕麦白巧克力面包

分量 | 4个
时间 | 烤约18分钟
温度 | 上、下火180℃烘烤

< 材料 >

高筋面粉105克
全麦面粉45克
奶粉5克
细砂糖5克
盐2克
酵母粉3克
冰水105毫升
无盐黄油15克
白巧克力块20克
蛋白37克
燕麦片30克

<制作步骤>

搅拌材料

1 将高筋面粉、全麦面粉、奶粉、酵母粉、细砂糖、盐倒入碗中，用手动搅拌器搅拌均匀。

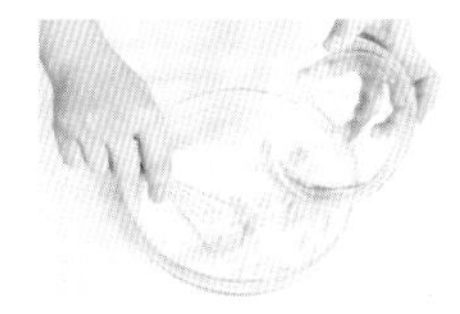

2 倒入冰水，用橡皮刮刀翻拌均匀，再用手揉成团。

揉搓面团

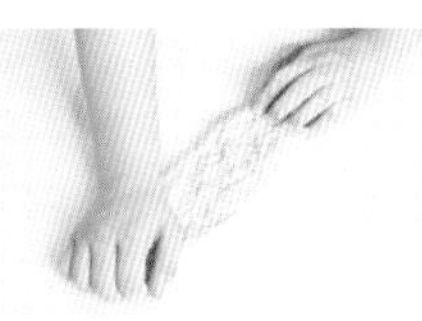

3 取出面团放在干净的操作台上，将其反复揉扯拉长，再卷起。

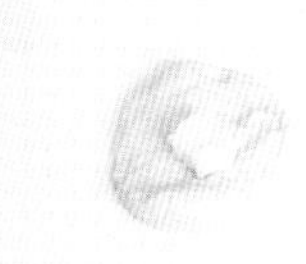

4 放上无盐黄油，收口、揉匀，甩打几次，再次收口，将其揉成纯滑的面团。

第一次发酵

5 将面团放回至大玻璃碗中，封上保鲜膜，静置发酵约30分钟。

也可以盖上湿布，避免面团干燥。

分割、成形

6 撕开保鲜膜，取出面团，用刮板分成4等份，再收口、搓圆。

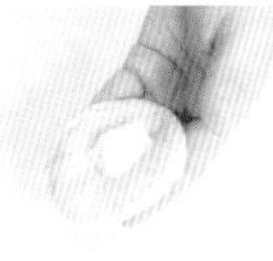

7 将面团稍稍擀扁，放上白巧克力块，收口、捏紧，再搓圆。

8 将搓圆的面团沾裹上蛋白，再沾裹上燕麦片，制成面包坯。

第二次发酵、烘烤

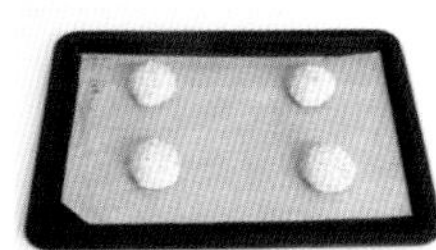

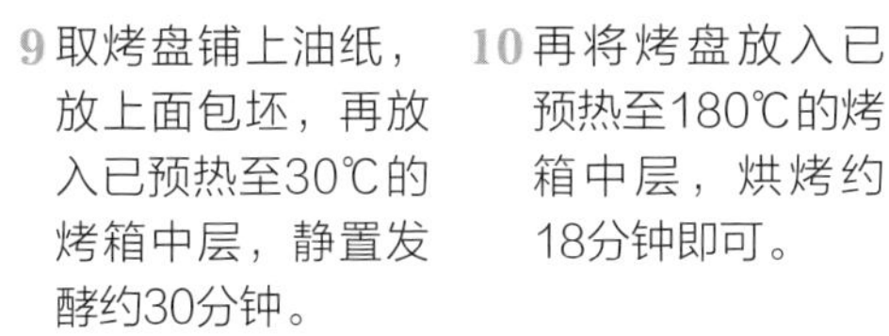

9 取烤盘铺上油纸，放上面包坯，再放入已预热至30℃的烤箱中层，静置发酵约30分钟。

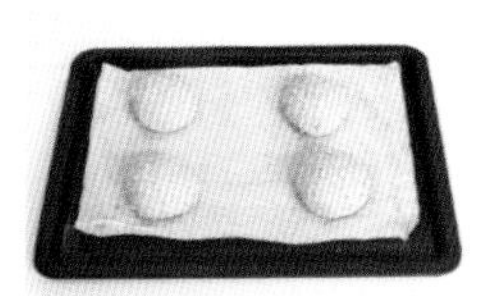

10 再将烤盘放入已预热至180℃的烤箱中层，烘烤约18分钟即可。

避免使用碱性离子水

做面包使用的水基本上可直接使用自来水，但千万不可以使用碱性离子水，在碱性环境下，酵母的活动会变得迟钝，发酵不易进行。

芝麻杂粮面包

分量 | 2个
时间 | 烤约20分钟
温度 | 上、下火170℃烘烤

< 材料 >

●**面团**

高筋面粉250克
细砂糖37克
清水100毫升
牛奶25毫升
鸡蛋25克
酵母粉3克
盐3克
黑芝麻粉25克
无盐黄油25克

●**内馅**

糖粉20克
黑芝麻粉20克

< 制作步骤 >

搅拌材料

1 将高筋面粉、黑芝麻粉、酵母粉、细砂糖、盐倒入大玻璃碗中，用手动搅拌器搅拌均匀。

2 倒入鸡蛋、清水、牛奶，翻拌成无干粉的面团。

揉搓面团

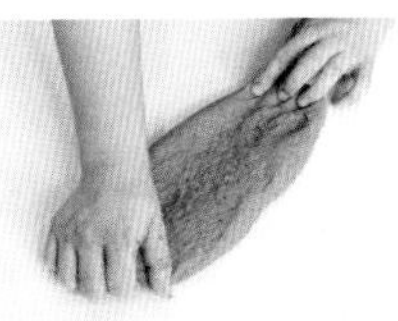

3 取出面团，放在操作台上，反复揉搓、甩打至起筋，再卷起、按扁。

4 放上无盐黄油，反复揉扯至无盐黄油与面团混合均匀。

5 将面团反复甩打至起筋，用刮板切成几块后叠加在一起，再搓圆。

第一次发酵

6 将面团放回至大玻璃碗中，封上保鲜膜，于室温环境中静置发酵15分钟。

制作内馅

7 将黑芝麻粉、糖粉装碗混合均匀，制成内馅。

分割、成形

8 取出面团，用刮板分成2等份，再收口、搓圆。

9 将面团擀成长片，按压一边使其固定，放上薄薄的一层内馅，卷成卷，制成面包坯。

力道要均匀，慢慢地将面团往外伸展开来。

第二次发酵、烘烤

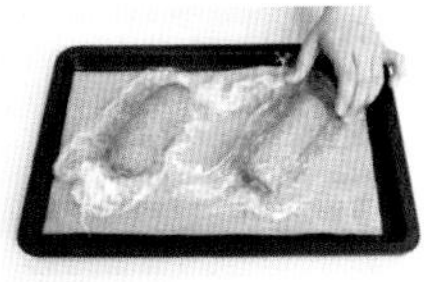

10 取烤盘，铺上油纸，放上面包坯，包上保鲜膜，放入已预热至30℃的烤箱中层，静置发酵约30分钟。

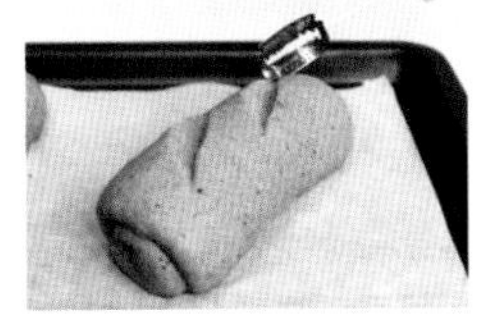

11 揭开保鲜膜，用刀片在生坯上划几道口子。

12 将烤盘放入已预热至170℃的烤箱中层，烤约20分钟即可。

可可奶油卷心面包

分量 | 4个
时间 | 烤约15分钟
温度 | 上、下火170℃烘烤

< 材料 >

高筋面粉100克
低筋面粉25克
巧克力豆20克
鸡蛋液25克
[illegible]25毫升
无盐黄油23克
酵母粉2克
奶粉5克
细砂糖15克
盐2克
可可粉5克
清水65毫升
已熔化的巧克力适量
防潮糖粉少许

<制作步骤>

搅拌材料

1 将高筋面粉、低筋面粉、酵母粉、奶粉、盐、细砂糖、可可粉倒入大玻璃碗中，用手动搅拌器搅拌均匀。

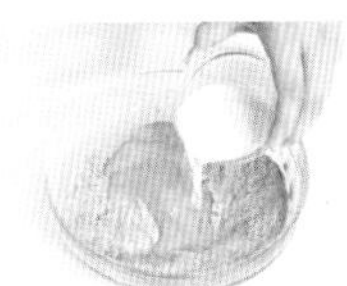

2 将鸡蛋液搅散后加入碗中，再将牛奶、清水倒入碗中，用橡皮刮刀翻压几下，揉成团。

揉搓面团

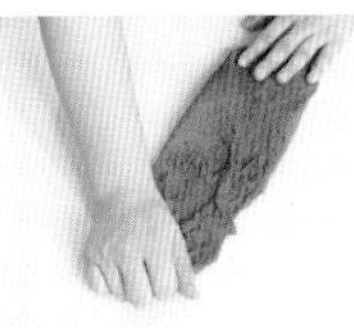

3 取出面团，放在干净的操作台上，反复揉扯拉长，再卷起，搓圆、按扁。

4 放上无盐黄油，收口、揉匀，再将其揉成纯滑的面团。

把黄油提前从冰箱取出，室温软化至手指可轻压出痕迹后再使用。

第一次发酵

5 将面团放回大玻璃碗中，封上保鲜膜，静置发酵约30分钟。

分割、成形

6 去掉保鲜膜，取出面团，用刮板分成4等份，再收口、搓圆。

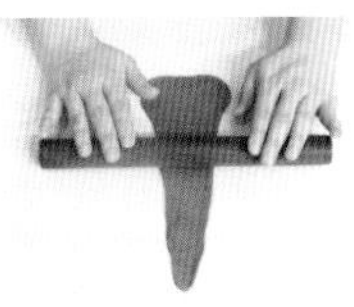

7 将面团揉搓成圆锥形，再从大头的一端开始将面团擀薄、擀成长面皮。

8 放上巧克力豆，再从另一头开始卷起，制成面包坯。

第二次发酵、烘烤

9 取烤盘，铺上油纸，放上面包坯，放入已预热至30℃的烤箱中层，发酵30分钟，取出。

10 将烤盘放入已预热至170℃的烤箱中层，烘烤约15分钟。

装饰

11 取出烤好的面包，将已熔化的巧克力装入裱花袋，再横向来回挤在面包上。

12 筛上一层防潮糖粉即可。

抹茶奶心面包

分量 | 4个
时间 | 烤约15分钟
温度 | 上、下火165℃烘烤

< 材料 >

●面团

高筋面粉115克
低筋面粉35克
鸡蛋液15克
汤种面团50克
抹茶粉10克
牛奶50毫升
奶粉15克
酵母粉3克
细砂糖20克
盐2克
无盐黄油15克
清水20毫升

●卡仕达酱

卡仕达粉35克
牛奶140毫升
淡奶油180克
细砂糖10克

●表面装饰

清水90毫升
无盐黄油45克
低筋面粉60克
鸡蛋（2个）105克

< 制作步骤 >

搅拌材料

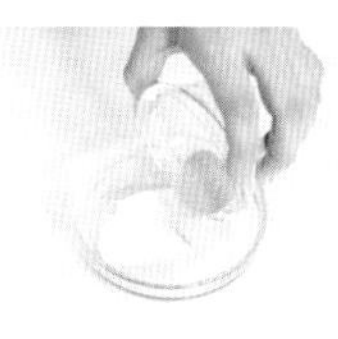

1 将牛奶、酵母粉装入小玻璃碗中，用手动搅拌器搅拌均匀，制成酵母液。

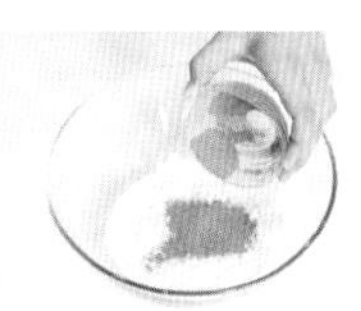

2 将高筋面粉、抹茶粉、奶粉、低筋面粉、细砂糖倒入大玻璃碗中，用手动搅拌器拌均匀。

3 倒入盐，放入酵母液、鸡蛋液、清水，用橡皮刮刀翻压几下，再用手揉成团，放入汤种面团，揉至均匀。

揉搓面团

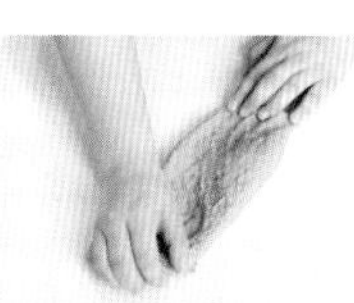

4 取出面团，放在干净的操作台上，将其反复揉扯拉长，再卷起，稍稍搓圆、按扁。

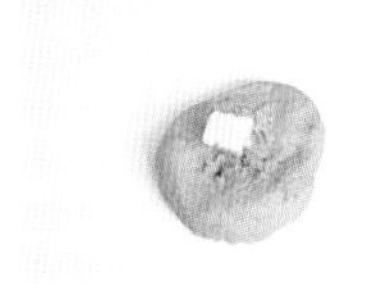

5 放上无盐黄油，收口、揉匀，再将其揉成纯滑的面团。

第一次发酵

6 将面团放回大玻璃碗中，封上保鲜膜，静置发酵约30分钟。

第二次发酵

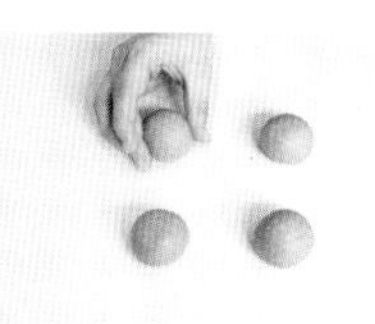

7 撕开保鲜膜，取出面团，用刮板分成4等份，再收口、搓圆，盖上保鲜膜，松弛发酵约10分钟。

制作装饰材料

8 平底锅中倒入清水，用中火煮至沸腾，放入无盐黄油，翻拌至完全溶化，筛入低筋面粉，拌匀成无干粉的面团。

9 放入干净的大玻璃碗中，分次放入鸡蛋液，搅拌均匀，制成装饰材料，装入套有圆形裱花嘴的裱花袋里。

烘烤

10 将面团放在铺有油纸的烤盘上，再以画圈的方式挤上装饰材料，放入已预热至165℃的烤箱中层，烤约15分钟。

制作卡仕达酱

11 将卡仕达粉、牛奶倒入干净的玻璃碗中拌匀，放入淡奶油、细砂糖，用电动搅拌器搅打均匀，制成卡仕达酱。

12 取出烤好的面包，用剪刀在其底部剪一个“十”字刀口，再注入卡仕达酱即可。

日式红豆麻薯面包

分量 | 4个
时间 | 烤约15分钟
温度 | 上、下火165℃烘烤

< 材料 >

● 面团

高筋面粉115克
低筋面粉35克
鸡蛋液15克
汤种面团50克
抹茶粉10克
牛奶50毫升
奶粉15克
酵母粉3克
细砂糖20克
盐2克
无盐黄油15克
清水20毫升

● 内馅

红豆泥40克
麻薯40克

● 装饰材料

白芝麻适量
牛奶少许

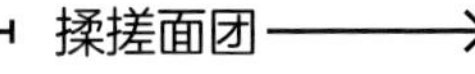

搅拌材料 → **揉搓面团** →

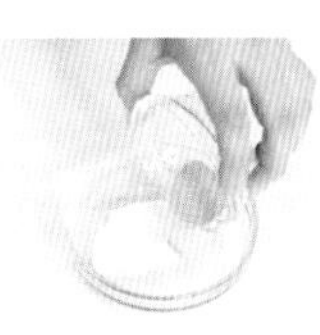

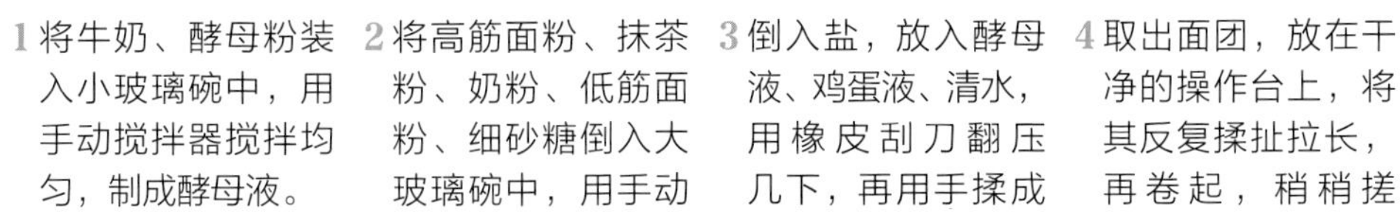

1 将牛奶、酵母粉装入小玻璃碗中，用手动搅拌器搅拌均匀，制成酵母液。

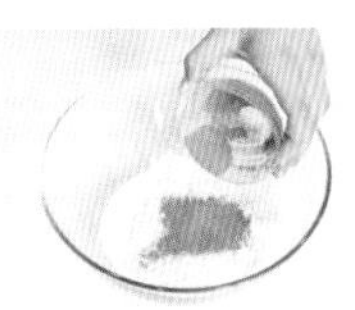

2 将高筋面粉、抹茶粉、奶粉、低筋面粉、细砂糖倒入大玻璃碗中，用手动搅拌器搅拌均匀。

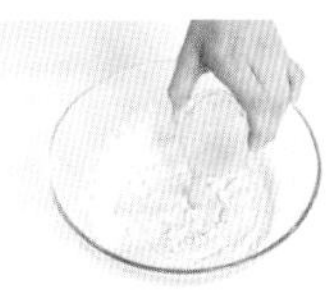

3 倒入盐，放入酵母液、鸡蛋液、清水，用橡皮刮刀翻压几下，再用手揉成团，放入汤种面团，揉至混合均匀。

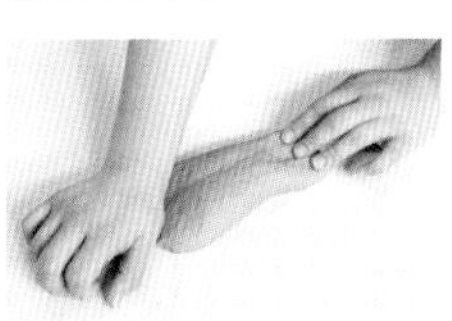

4 取出面团，放在干净的操作台上，将其反复揉扯拉长，再卷起，稍稍搓圆、按扁。

第一次发酵 →

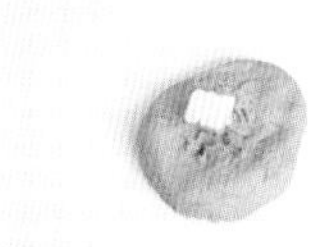

5 放上无盐黄油，收口、揉匀，再将其揉成纯滑的面团。

6 将面团放回至大玻璃碗中，封上保鲜膜，静置发酵约30分钟。

7 撕开保鲜膜，取出面团，用刮板分成4等份，再收口、搓圆。

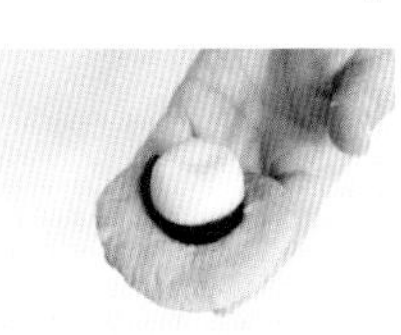

8 将面团按扁，放上红豆泥、麻薯。

第二次发酵 → **烘烤** →

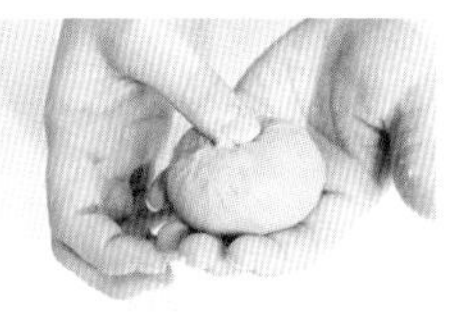

9 再收口、滚圆，制成面包坯。

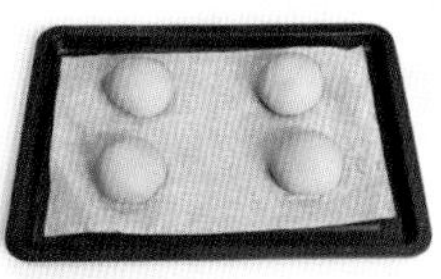

10 取烤盘，铺上油纸，放上面包坯，放入已预热至30℃的烤箱中层，静置发酵约30分钟，取出。

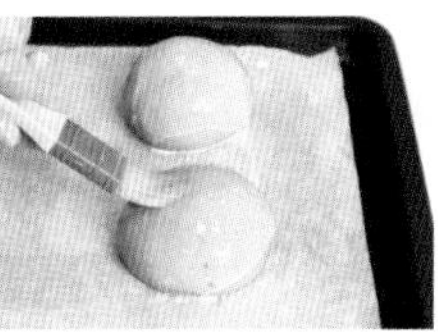

11 刷上牛奶，撒上白芝麻。

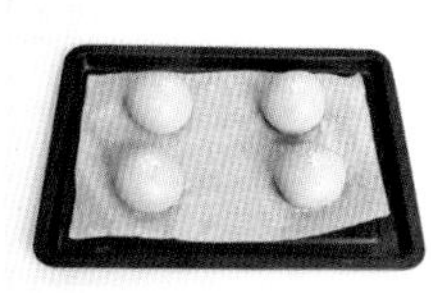

12 将烤盘放入已预热至165℃的烤箱中层，烘烤约15分钟即可。

橙香奶酪哈斯面包

分量 | 4个
时间 | 烤约20分钟
温度 | 上、下火180℃烘焙

< 材料 >

●面团

高筋面粉190克
低筋面粉55克
鸡蛋液30克
牛奶100毫升
奶粉15克
细砂糖30克
无盐黄油30克
盐3克
酵母粉4克
无盐黄油少许
（用于涂抹于模具上）

●奶酪糊

奶酪60克
细砂糖10克
浓缩橙汁15克
橙丁10克

< 制作步骤 >

搅拌材料

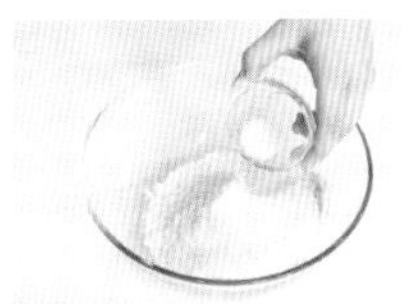

1 将高筋面粉、低筋面粉、奶粉、细砂糖、盐、酵母粉倒入大玻璃碗中，用手动搅拌器搅匀。

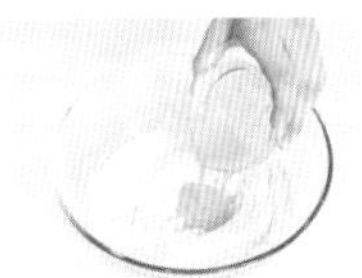

2 倒入鸡蛋液、牛奶，用橡皮刮刀翻压几下，再用手揉成团。

揉搓面团

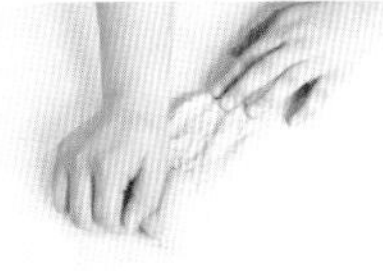

3 取出面团，放在干净的操作台上，反复揉扯拉长，再卷起，反复甩打几次，将卷起的面团稍稍搓圆、按扁。

4 放上无盐黄油，收口、揉匀，甩打几次，再将其揉成纯滑的面团。

第一次发酵

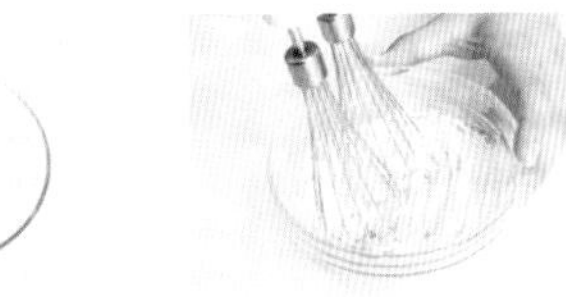

5 将面团放回至大玻璃碗中，封上保鲜膜，静置发酵约30分钟。

制作奶酪糊

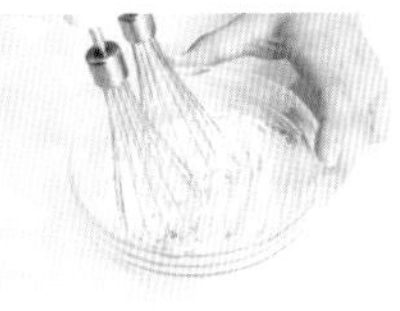

6 将奶酪装入碗中，用电动搅拌器搅打至光滑，放入细砂糖、浓缩橙汁，搅打均匀。

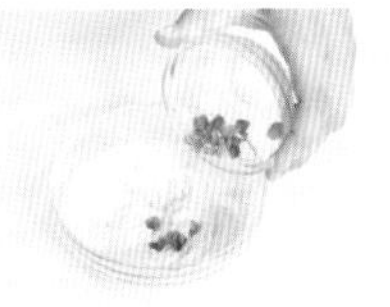

7 放入橙丁，搅打均匀，制成奶酪糊，装入裱花袋里，用剪刀在裱花袋尖端处剪一个小口。

第二次发酵

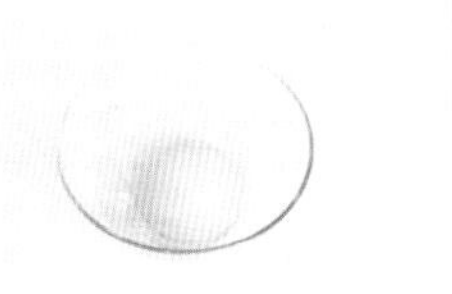

8 取出面团，用刮板分成4等份，搓圆，封上保鲜膜，进行松弛发酵10分钟。

第三次发酵

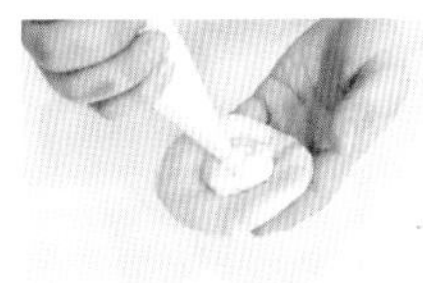

9 将面团按扁，挤上奶酪糊，再收口、搓圆，放入铺有油纸的烤盘中。

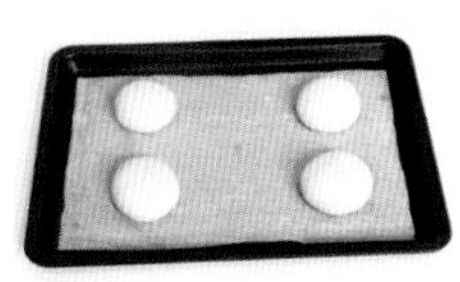

10 将烤盘放入已预热至30℃的烤箱中层，发酵约30分钟，取出。

面包坯放在烤盘上时，每个坯之间需要留有足够的空间。

烘烤

11 用刀片划上几道口子。

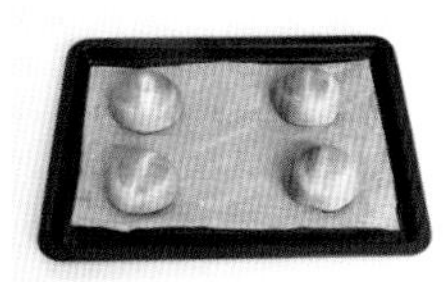

12 将烤盘放入已预热至180℃的烤箱中层，烘烤约20分钟即可。

黄金奶酪面包

分量 | 4个
时间 | 烤约15分钟
温度 | 上、下火175℃烘烤

< 材料 >

高筋面粉190克
低筋面粉55克
火腿（切条）1根
奶酪（切小块）1片
鸡蛋液30克
牛奶100毫升
奶粉15克
细砂糖30克
无盐黄油30克
盐3克
酵母粉4克
鸡蛋液少许
奶酪粉少许

< 制作步骤 >

搅拌材料

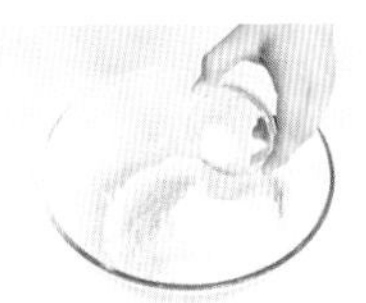

1 将高筋面粉、低筋面粉、奶粉、细砂糖、盐、酵母粉倒入大玻璃碗中，用手动搅拌器搅拌均匀。

2 倒入鸡蛋液、牛奶，用橡皮刮刀翻压几下，再用手揉成团。

揉搓面团

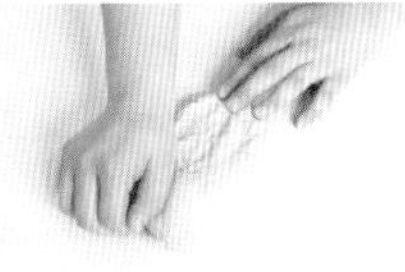

3 取出面团，放在干净的操作台上，将其反复揉扯拉长，再卷起，稍稍搓圆、按扁。

4 放上无盐黄油，收口、揉匀，甩打几次，再将其揉成纯滑的面团。

第一次发酵

5 将面团放回大玻璃碗中，封上保鲜膜，静置发酵约30分钟。

分割、成形

6 撕开保鲜膜，取出面团，用刮板分成4等份，再收口、搓圆。

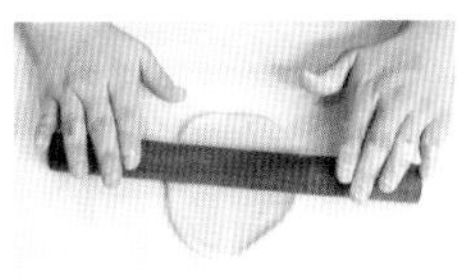

7 将面团擀成扁长形的面皮，按压一边使其固定。

8 再放上火腿、奶酪，提起面皮卷成卷，再收口压紧，制成面包坯。

第二次发酵

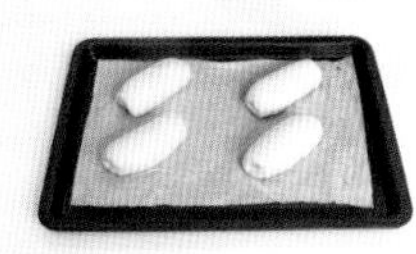

9 取烤盘，铺上油纸，放上面包坯，放入已预热至30℃的烤箱中层，静置发酵约30分钟。

烘烤

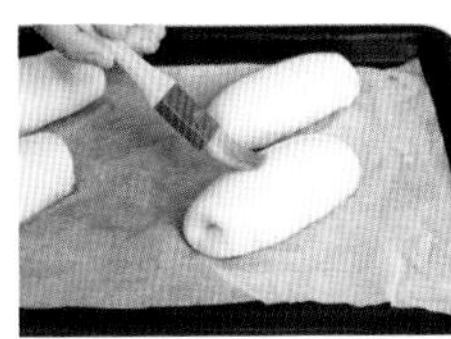

10 取出发酵好的面包坯，均匀地刷上一层鸡蛋液，撒上奶酪粉。

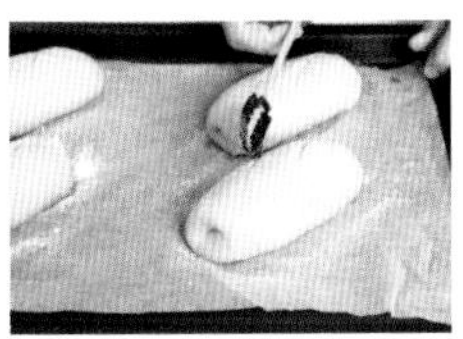

11 用刀片斜着划上几道浅口。

12 将烤盘放入已预热至175℃的烤箱中层，烘烤约15分钟即可。

奶香哈斯面包

分量 | 3个
时间 | 烤约20分钟
温度 | 上、下火160℃烘烤

< 材料 >

高筋面粉350克
奶粉20克
蛋黄（2个）38克
牛奶230毫升
酵母粉5克
盐3克
细砂糖45克
无盐黄油35克
蛋黄液适量

< 制作步骤 >

搅拌材料

1 将高筋面粉、奶粉、酵母粉、盐、细砂糖倒入大玻璃碗中，用手动搅拌器搅拌均匀。

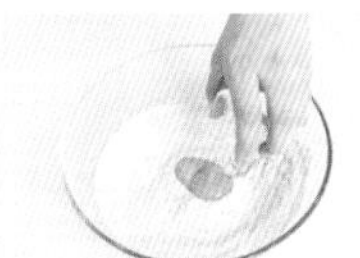

2 倒入蛋黄，用手动搅拌器将蛋黄搅散，再倒入牛奶，用橡皮刮刀翻拌至无干粉。

揉搓面团

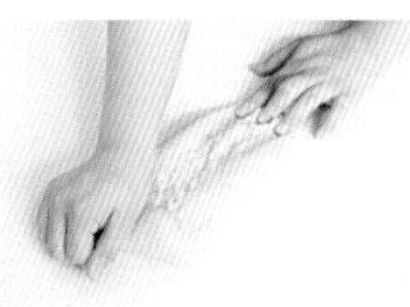

3 取出面团，放在操作台上，反复揉搓、甩打至起筋。

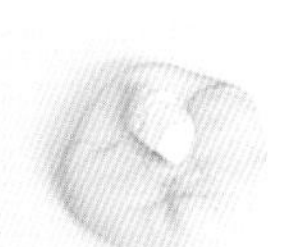

4 将面团卷起，收口朝上，再按扁，放上无盐黄油，反复揉搓均匀，再滚圆成光滑的面团。

添加黄油的时机在揉面时间已过一半的时候。

第一次发酵

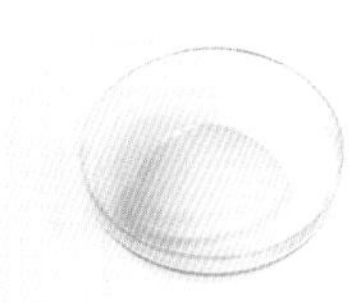

5 将面团放回大玻璃碗中，封上保鲜膜，室温环境中发酵10~15分钟，即成奶香面团。

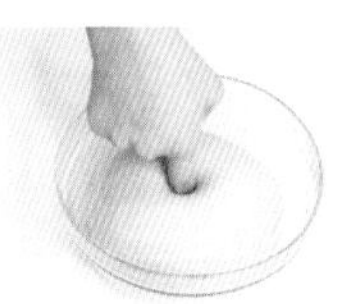

6 撕开保鲜膜，用手指戳一下面团的正中间，以面团没有迅速复原为发酵好的状态。

分割、第二次发酵

7 取出面团，用刮板分成3等份，收口、搓圆。

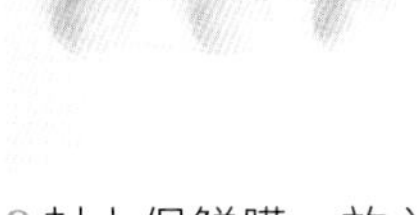

8 封上保鲜膜，放入已预热至30℃的烤箱中层，静置发酵约30分钟。

成形

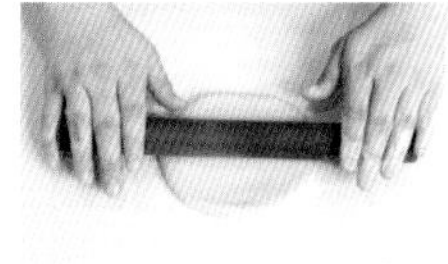

9 取出面团，用擀面杖擀成圆形的面皮，用手按压一边使其固定。

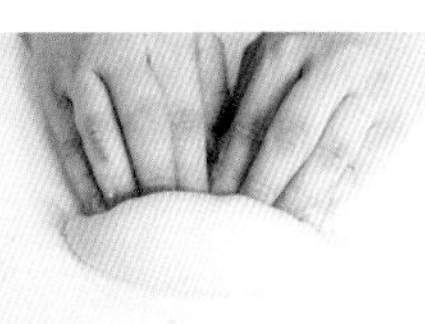

10 将另一边的面皮对折叠起来，再收口，卷成纺锤形，再收口、略搓，将收口的一面朝下。

烘烤

11 将面团放在铺有油纸的烤盘上，刷上一层蛋黄液，再用刀片划上几刀。

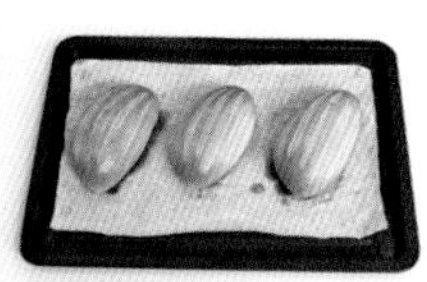

12 将烤盘放入已预热至160℃的烤箱中层，烘烤约20分钟即可。

牛轧全麦面包

分量 | 2个
时间 | 烤约20分钟
温度 | 上、下火200℃烘烤

< 材料 >

高筋面粉110克
全麦面粉45克
葡萄干12克
牛轧糖2块
奶粉5克
细砂糖18克
盐2克
酵母粉3克
冰水105毫升
无盐黄油18克
表面装饰用高筋面粉少许

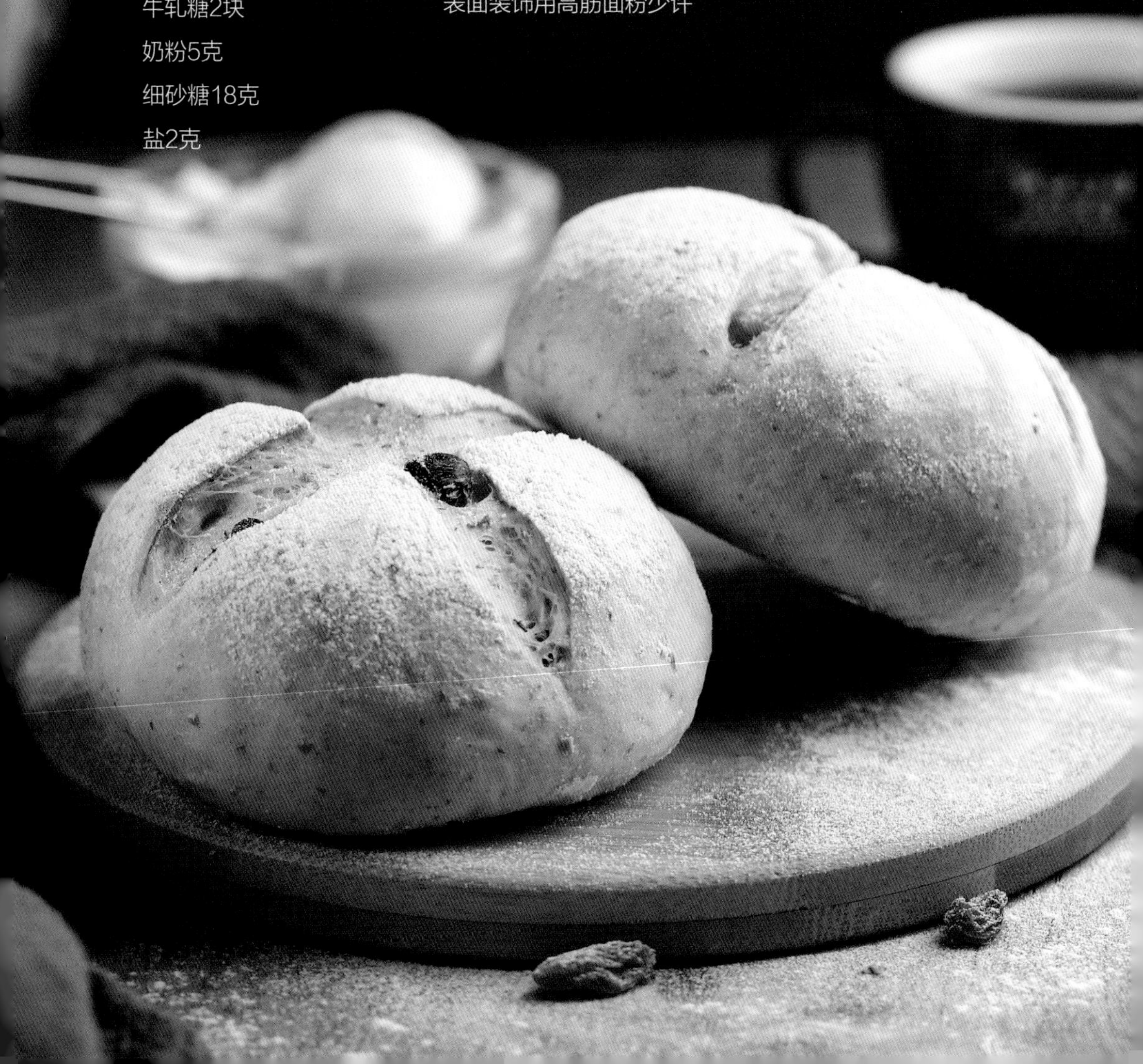

<制作步骤>

搅拌材料

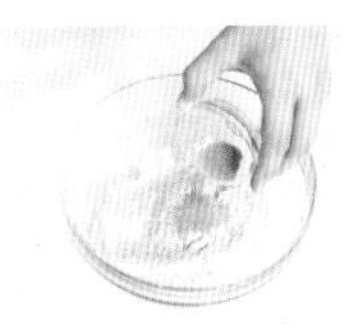

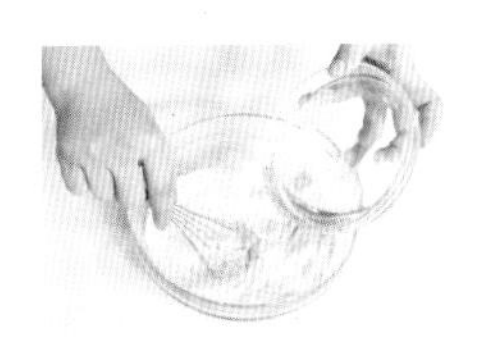

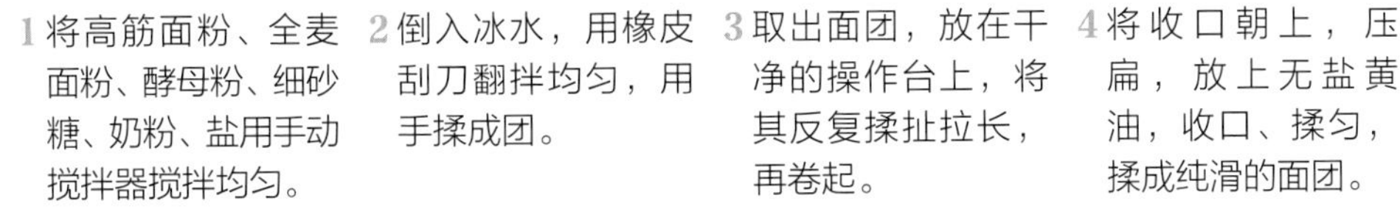

1 将高筋面粉、全麦面粉、酵母粉、细砂糖、奶粉、盐用手动搅拌器搅拌均匀。

2 倒入冰水，用橡皮刮刀翻拌均匀，用手揉成团。

揉搓面团

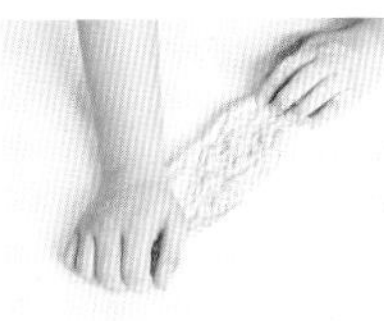

3 取出面团，放在干净的操作台上，将其反复揉扯拉长，再卷起。

4 将收口朝上，压扁，放上无盐黄油，收口、揉匀，揉成纯滑的面团。

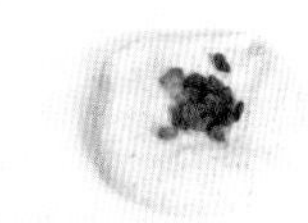

5 将面团按扁，放上葡萄干，收口，再反复揉搓均匀，再次搓圆。

第一次发酵

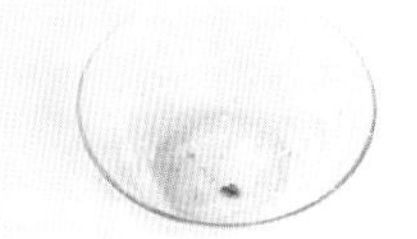

6 将面团放回至大玻璃碗中，封上保鲜膜，静置发酵约30分钟。

分割、成形

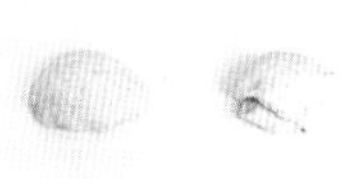

7 撕开保鲜膜，取出面团，用刮板分成2等份，再收口、搓圆。

8 将面团按扁，放上牛轧糖，再次收口、搓圆，制成面包坯。

第二次发酵

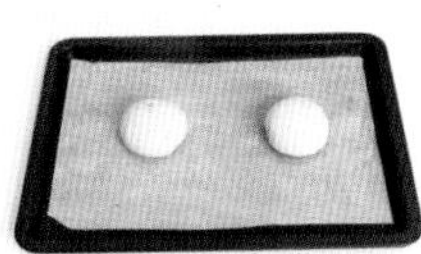

9 取烤盘，铺上油纸，放上面包坯。

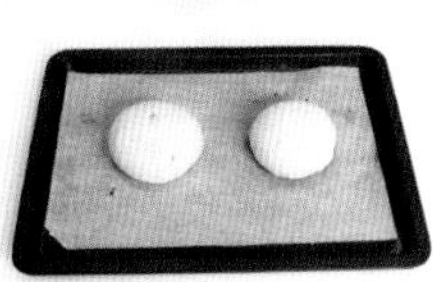

10 将烤盘放入已预热至30℃的烤箱中层，发酵约30分钟，取出。

烘烤

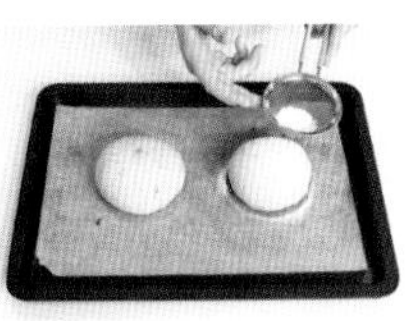

11 筛上一层高筋面粉，用刀片划出“十”字刀痕。

以削皮的姿势让刀锋斜角划入面团中。

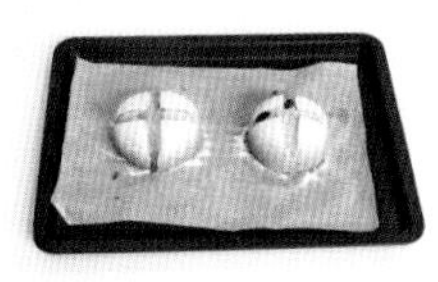

12 将烤盘放入已预热至200℃的烤箱中层，烘烤约20分钟即可。

法式面包

分量 | 3个
时间 | 烤约20分钟
温度 | 上、下火180℃烘烤

< 材料 >

高筋面粉200克
低筋面粉50克
细砂糖10克
酵母粉3克
盐2克
中种面团80克
土豆泥80克
清水142毫升
鸡蛋液适量
白芝麻适量

< 制作步骤 >

搅拌材料

1 将高筋面粉、低筋面粉、细砂糖、酵母粉、盐倒入大玻璃碗中，用手动搅拌器搅拌均匀。

2 放入中种面团，倒入清水，用橡皮刮刀翻拌至无干粉。

揉搓面团

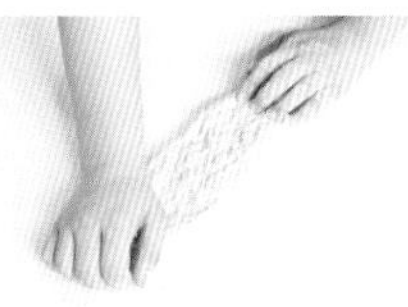

3 取出面团，放在操作台上，揉搓均匀，再滚圆成光滑的面团。

不能过度揉面，以免形成麸质。

第一次发酵

4 将面团放回大玻璃碗中，封上保鲜膜，室温环境中静置发酵约40分钟。

分割、成形

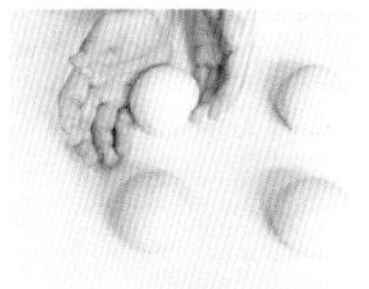

5 取出发酵好的面团，用刮板分成4等份，收口、搓圆。

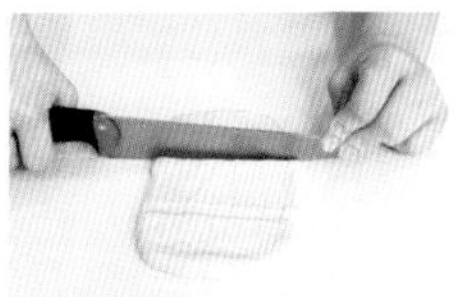

6 取其中一个面团，擀成长方形的面皮，再用刮板横切成3块。

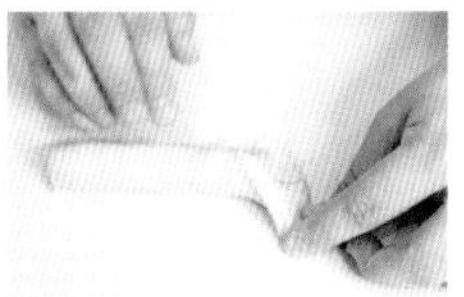

7 按压住面皮一边使其固定，放上土豆泥，再收口，卷成条，制成3个土豆面包坯。

8 将剩余3个面团均擀成长方形的面皮，抹上土豆泥，再分别放上土豆面包坯。

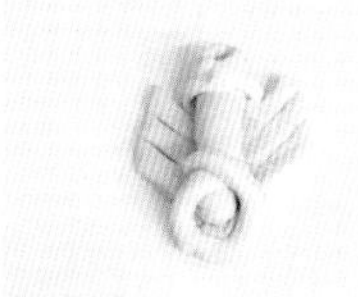

9 在面皮两边划上4道切口，将切开的面皮包裹在土豆面包坯上，制成法式土豆面包坯。

第二次发酵

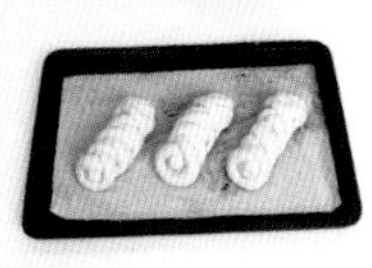

10 取烤盘，铺上油纸，放上面包坯，放入已预热至30℃的烤箱中层，静置发酵约30分钟。

11 取出发酵好的面包坯，刷上鸡蛋液，撒上适量白芝麻。

烘烤

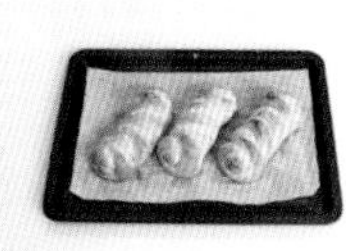

12 将面包坯放入已预热至180℃的烤箱中层，烘烤约20分钟即可。

椰丝奶油包

分量 | 3个
时间 | 烤约15分钟
温度 | 上、下火180℃烘烤

< 材料 >

●面团

高筋面粉90克
低筋面粉10克
奶粉4克
细砂糖40克
酵母粉3克
清水14毫升
牛奶20克
鸡蛋液14克
无盐黄油20克
盐2克

●装饰

鸡蛋液适量
无盐黄油50克
椰丝适量
糖浆15克

<制作步骤>

搅拌材料

1 将高筋面粉、低筋面粉、奶粉、细砂糖倒入大玻璃碗中，用手动搅拌器搅拌均匀。

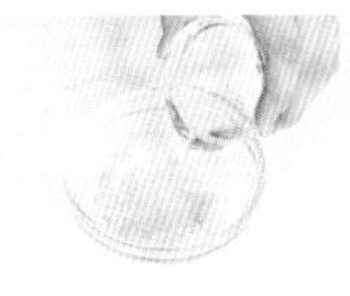

2 将酵母粉、清水倒入另一小碗中拌匀，制成酵母水。

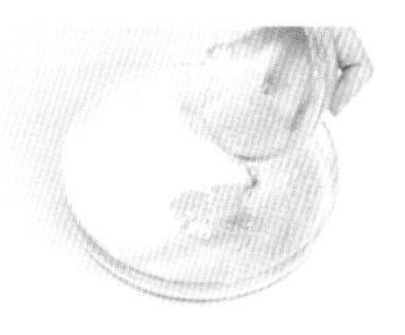

3 将酵母水、牛奶、鸡蛋液倒入大玻璃碗中，翻拌成无干粉的面团。

揉搓面团

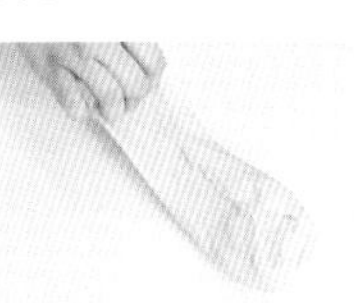

4 取出面团，放在操作台上，反复将其按扁、揉扯拉长，再滚圆。

5 再将面团按扁，放上无盐黄油、盐，揉搓至混合均匀，再滚圆。

第一次发酵

6 将面团放回至大玻璃碗中，封上保鲜膜，静置发酵约40分钟。

分割、成形

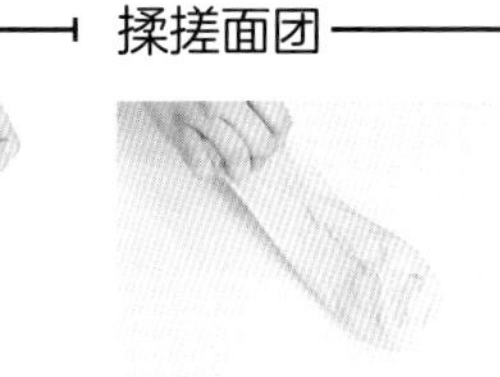

7 取出面团，用刮板将面团分成3等份，再擀平，卷起收口，制成纺锤形面团。

第二次发酵

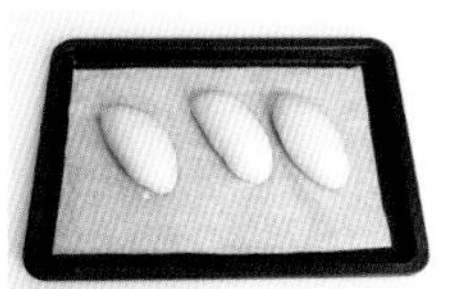

8 取烤盘，铺上油纸，放上面团，再放入已预热至30℃的烤箱中层，静置发酵约30分钟。

烘烤

9 取出发酵好的面团，刷上鸡蛋液，再放入已预热至180℃的烤箱中层，烤约15分钟。

组合装饰

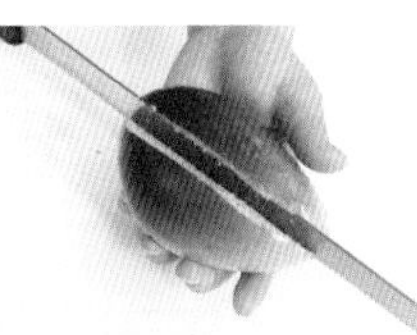

10 取出烤好的面包，用齿刀竖着开一道口，底部相连不切断。

11 往装有无盐黄油的碗中倒入糖浆，用电动搅拌器搅打成奶油馅，部分装入套有圆形裱花嘴的裱花袋里。

12 在面包表面刷奶油馅，裹上一层椰丝，再将奶油馅从切口处注入面包里即可。

巧克力软法式面包

分量 | 2个
时间 | 烤约15分钟
温度 | 上、下火175℃烘烤

< 材料 >

●面团

高筋面粉200克
低筋面粉50克
巧克力豆15克
奶粉5克
可可粉5克
细砂糖15克
盐3克
酵母粉5克
无盐黄油15克
清水150毫升

●奶油馅

淡奶油250克
细砂糖15克

< 制作步骤 >

搅拌材料

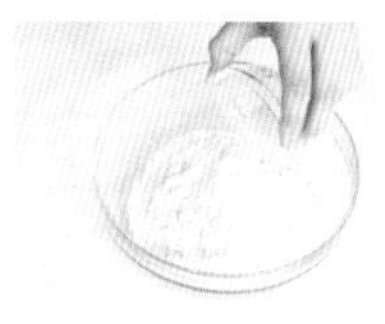

1 将高筋面粉、低筋面粉、奶粉、细砂糖、盐、酵母粉倒入大玻璃碗中，用手动搅拌器搅拌均匀。

2 倒入可可粉搅匀，加倒入清水，用橡皮刮刀翻压几下，再用手揉搓成团。

揉搓面团

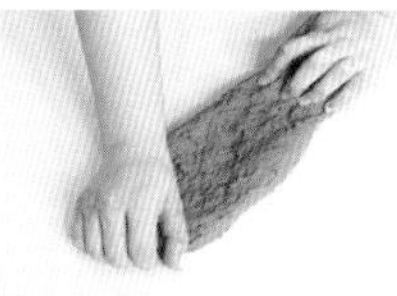

3 取出面团，放在干净的操作台上，将其反复揉扯拉长、甩打，再搓圆。

4 将面团稍稍按扁，放上无盐黄油、巧克力豆，揉搓均匀，甩打几次至起筋，将面团搓圆。

第一次发酵

5 将面团放回大玻璃碗中，封上保鲜膜，静置发酵约40分钟。

6 撕开保鲜膜，用手指戳一下面团的正中间，以面团没有迅速复原为发酵好的状态。

分割、成形

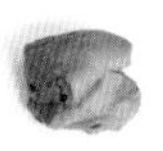

7 取出面团，用刮板分切成2等份，收口、搓圆，用擀面杖擀平。

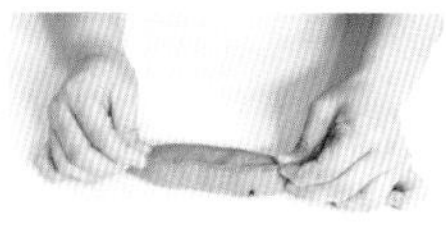

8 按压面团的一边使其固定，再从另一边开始以翻压的方式卷起，制成纺锤形面团。

第二次发酵

9 取烤盘，铺上油纸，放上面团，再放入已预热至30℃的烤箱中层，静置发酵约30分钟。

烘烤

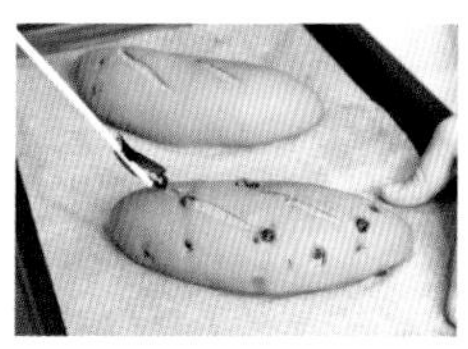

10 用刀片划上几道口子，放入已预热至175℃的烤箱中层，烘烤约15分钟，取出。

组合装饰

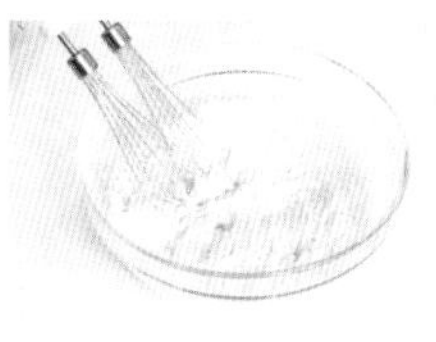

11 将淡奶油、细砂糖倒入玻璃碗中，用电动搅拌器搅打均匀，制成奶油馅，装入有圆齿裱花嘴的裱花袋里。

12 用齿刀将烤好的面包对半切开，再往切口中注入奶油馅即可。

蓝莓面包

分量 | 4个
时间 | 烤约16分钟
温度 | 上、下火175℃烘烤

< 材料 >

●面团

高筋面粉250克
蓝莓汁50克
牛奶25毫升
细砂糖50克
无盐黄油75克
酵母粉4克
盐3克
清水100毫升

●内馅

卡仕达粉45克
牛奶125毫升

●表面材料

鸡蛋液少许
蓝莓酱少许

< 制作步骤 >

搅拌材料

1 将高筋面粉、酵母粉、细砂糖、盐倒入大玻璃碗中，用手动搅拌器搅拌均匀。

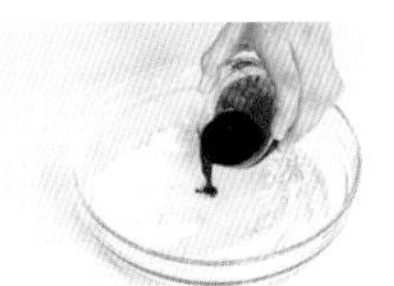

2 倒入牛奶、清水、蓝莓汁，用橡皮刮刀翻拌均匀成无干粉的面团。

可以用其他水果的汁代替蓝莓汁。

揉搓面团

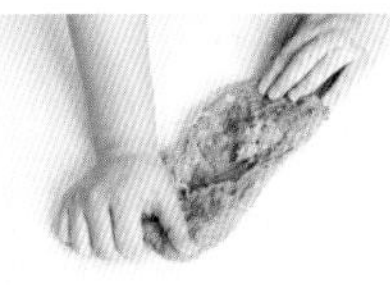

3 取出面团，放在干净的操作台上，将其反复揉扯拉长、甩打，揉搓至混合均匀。

4 将面团稍稍按扁，放上无盐黄油，揉至无盐黄油与面团完全混合均匀，再搓圆。

第一次发酵

5 将面团放回至大玻璃碗中，封上保鲜膜，静置发酵约40分钟。

制作内馅

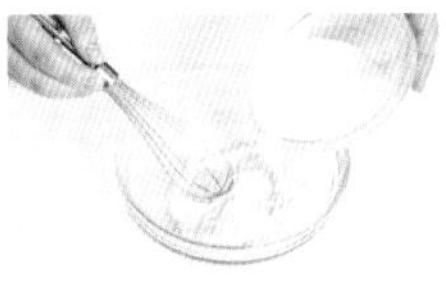

6 另取一个玻璃碗，倒入卡仕达粉、牛奶，用手动搅拌器拌匀，制成内馅。

分割、成形

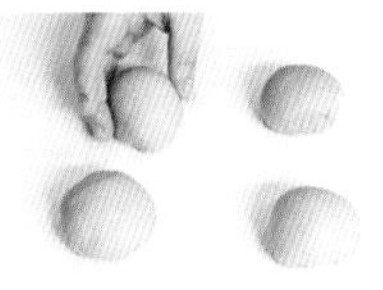

7 撕掉保鲜膜，取出面团，用刮板分切成4等份，再收口、搓圆。

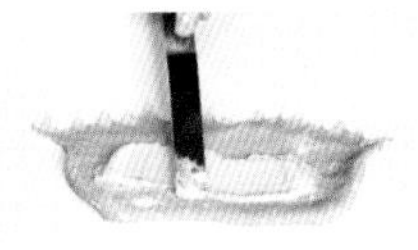

8 用擀面杖将面团擀成长舌形，按压长的一边使其固定，抹上适量内馅。

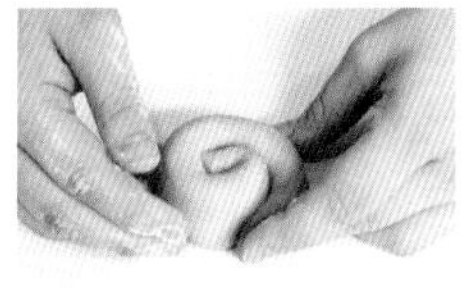

9 再从面团另一边开始卷起，揉搓成条，盘绕卷起来，制成圆饼状，即成面包坯。

第二次发酵

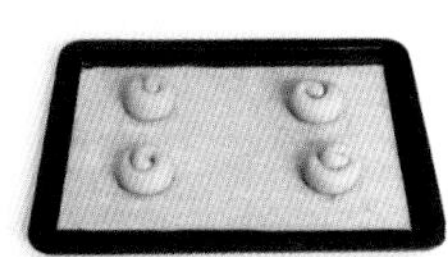

10 取烤盘，铺上油纸，放上面包坯，放入已预热至30℃的烤箱中层，静置发酵约30分钟。

烘烤

11 取出发酵好的面团，刷上一层鸡蛋液，再挤上蓝莓酱。

12 将烤盘放入已预热至175℃的烤箱中层，烘烤约16分钟即可。

椰香葡萄面包

分量 | 6个
时间 | 烤约16分钟
温度 | 上、下火180℃烘烤

< 材料 >

高筋面粉190克
低筋面粉55克
鸡蛋液30克
牛奶100毫升
奶粉15克
细砂糖30克
无盐黄油30克
盐3克
酵母粉4克
无盐黄油丁适量
葡萄干适量
椰丝适量

< 制作步骤 >

搅拌材料 —— 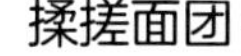 揉搓面团 →

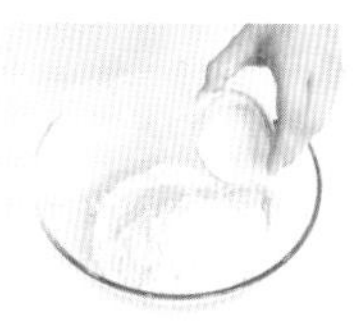

1 将高筋面粉、低筋面粉、奶粉、细砂糖、盐、酵母粉倒入大玻璃碗中，用手动搅拌器搅匀。

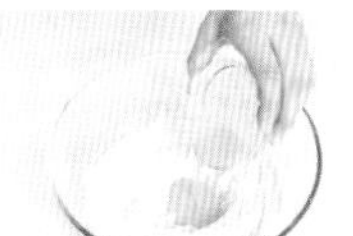

2 倒入鸡蛋液、牛奶，用橡皮刮刀翻压几下，再用手揉成团。

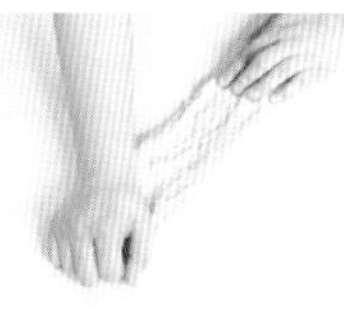

3 取出面团，放在干净的操作台上，将其反复揉扯拉长，再卷起。

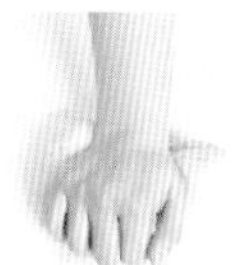

4 反复甩打几次，将卷起的面团稍稍搓圆、按扁。

—— 第一次发酵 ——  分割、成形 →

5 放上无盐黄油，收口、揉匀，甩打几次，再将其揉成纯滑的面团。

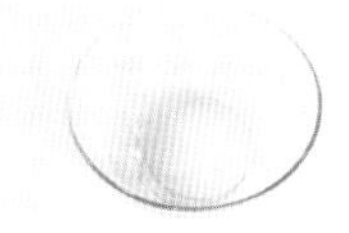

6 将面团放回大玻璃碗中，封上保鲜膜，静置发酵约30分钟。

7 撕开保鲜膜，取出面团，用擀面杖擀成方形面皮。

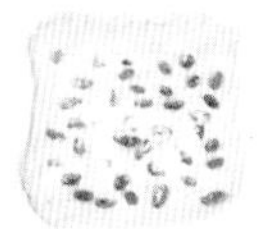

8 用手按压面皮一边使其固定，放上葡萄干、椰丝。

—— 第二次发酵 —— 烘烤 ——

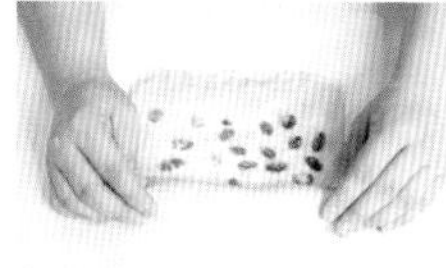

9 提起面皮卷起来，收口捏紧，再轻轻滚搓几下，用刀切成大小一致的块，即成椰香葡萄面包坯。

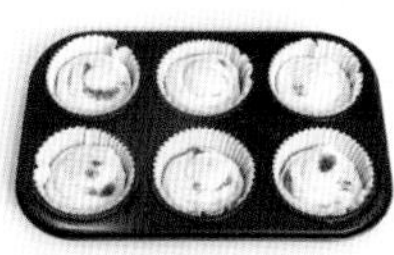

10 取纸杯蛋糕模具，放上蛋糕纸杯，再在纸杯中放上椰香葡萄面包坯。

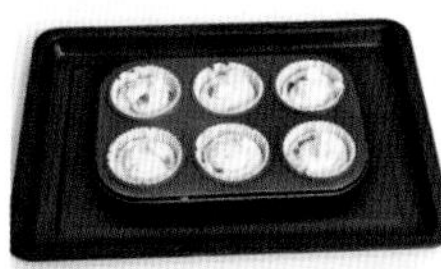

11 将模具放入已预热至30℃的烤箱中层，发酵约30分钟，取出后放上无盐黄油丁。

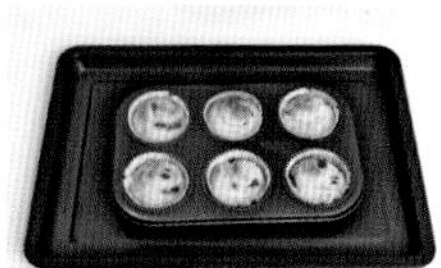

12 将椰香葡萄面包坯放入已预热至180℃的烤箱中层，烘烤约16分钟即可。

可以在面包坯表面刷上一层蛋黄液。

炸泡菜面包

分量 | 3个
时间 | 炸2~3分钟
温度 | 油温180℃

< 材料 >

●面团

高筋面粉150克
速发酵母1.5克
细砂糖10克
水58克
鸡蛋22克
无盐黄油10克
盐1克
泡菜适量

●表面装饰

鸡蛋液适量
面包糠适量
食用油适量

< 制作步骤 >

搅拌材料

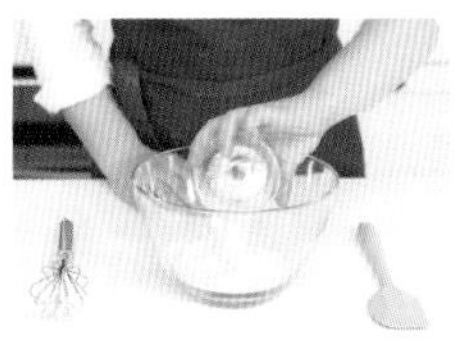

1 准备一个大碗，倒入高筋面粉、细砂糖、速发酵母，搅拌均匀。

2 加入水和鸡蛋，用橡皮刮刀搅拌均匀至成团。

揉搓面团

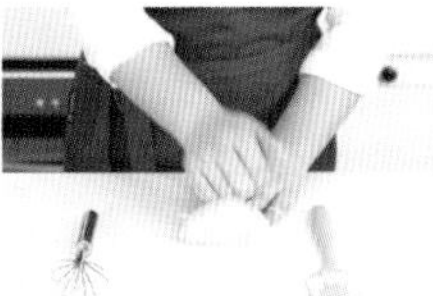

3 取出面团，放在操作台上，用手将面团用力甩打，一直重复此动作到面团光滑。

第一次发酵

4 加入无盐黄油和盐，揉至面团光滑，盖上湿布静置发酵15~20分钟。

分割、成形

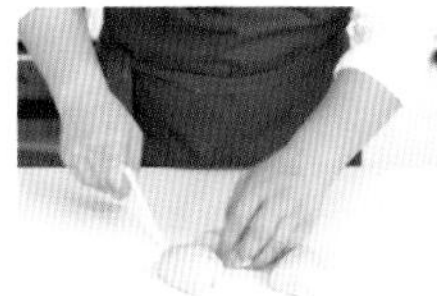

5 取出面团，分成3等份，用手把面团揉圆。

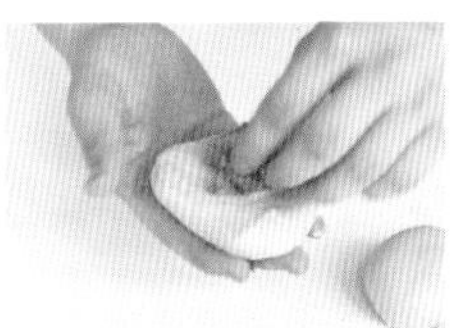

6 将面团均压扁，分别包入适量泡菜，收口捏紧，揉圆，制成面包生坯。

第二次发酵

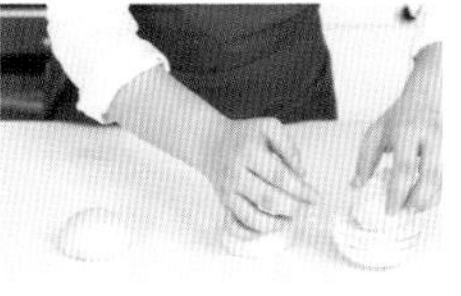

7 在面包生坯表面刷上少许鸡蛋液，沾上面包糠，静置发酵约30分钟。

油炸

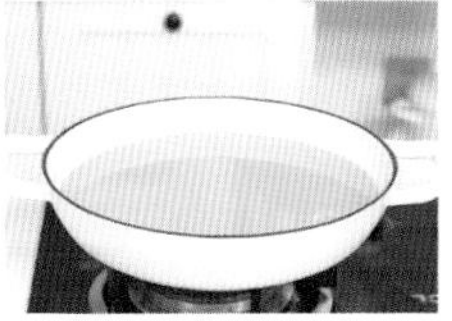

8 锅中倒入食用油，烧至八成热。

锅中要保持干燥，不能有水分，否则油会溅出来。

9 放入面包生坯，慢火炸至金黄色。

10 捞出炸好的面包，放在网架上凉凉即可。

将面包炸得酥脆的秘诀

油炸面包时，油温不能太低，油温太低会导致面包炸制的时间过长，面包表皮会吸收大量油脂，吃起来会觉得油腻。

罗勒奶酪卷

分量 | 6个
时间 | 烤约18分钟
温度 | 上、下火170℃，转上、下火180℃烘烤

< 材料 >

高筋面粉250克
培根3块
奶酪片3片
鸡蛋液25克
细砂糖10克
盐3克
酵母粉4克
罗勒叶碎1克
橄榄油15毫升
清水115毫升
鸡蛋液少许（用于刷在面坯表面）

< 制作步骤 >

搅拌材料

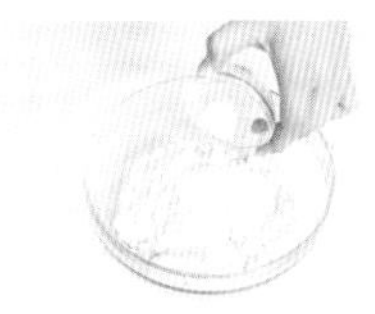
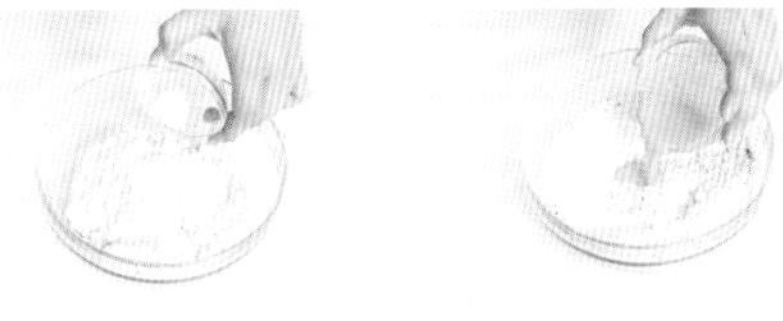

1 将高筋面粉、细砂糖、盐、酵母粉、罗勒叶碎倒入大玻璃碗中，用手动搅拌器搅匀。

2 倒入鸡蛋液、橄榄油、清水，用橡皮刮刀翻压几下，再用手揉成团。

揉搓面团

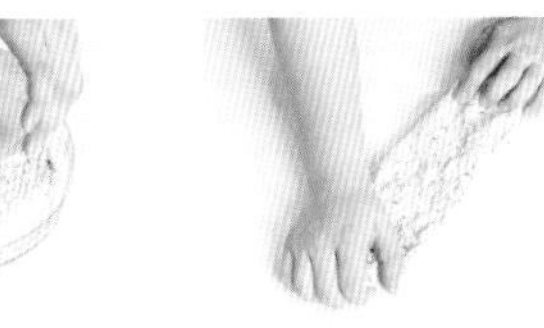
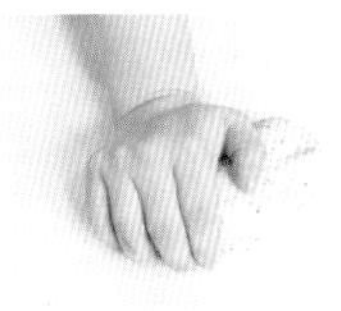

3 取出面团，放在干净的操作台上，将其反复揉扯拉长，再卷起。

4 将卷起的面团稍稍搓圆、按扁，再将其揉成纯滑的面团。

第一次发酵

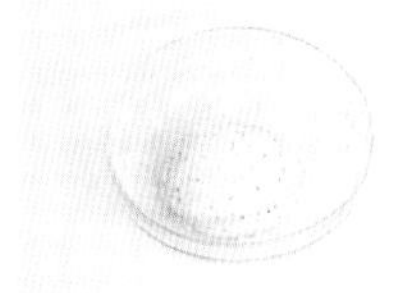

5 将面团放回大玻璃碗中，封上保鲜膜，静置发酵约30分钟。

分割、成形

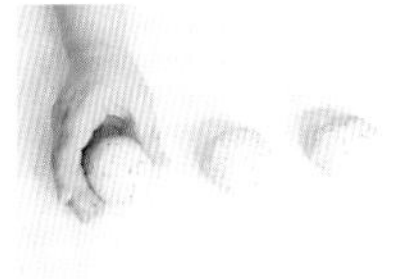
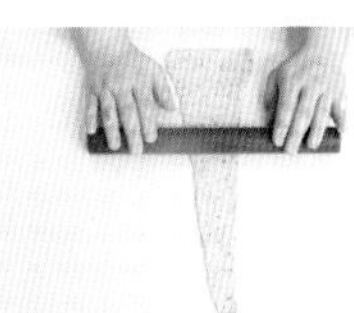
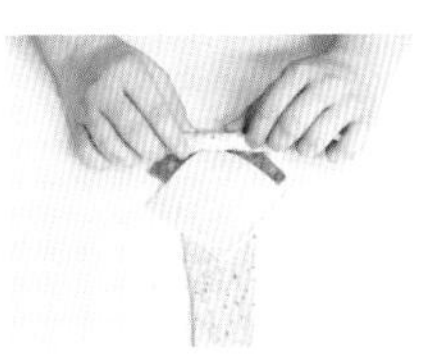

6 撕开保鲜膜，取出面团，用刮板分切成3等份（每个大约75克），再收口、搓圆。

7 将面团揉搓成圆锥形，再从大头的一端开始将面团擀薄、擀长成面皮。

不要一次就擀成面皮，要来回慢慢延展。

8 分别在面皮的底部放上培根块、奶酪片，再慢慢将其卷成卷。

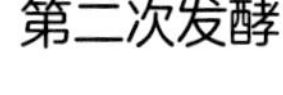

第二次发酵

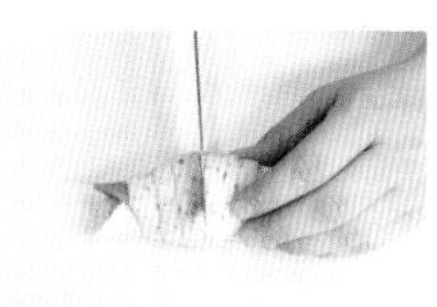
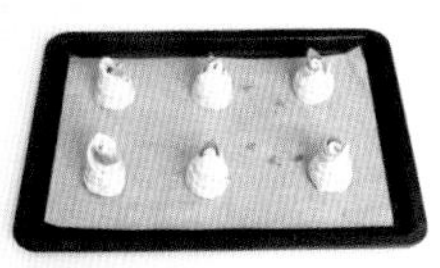

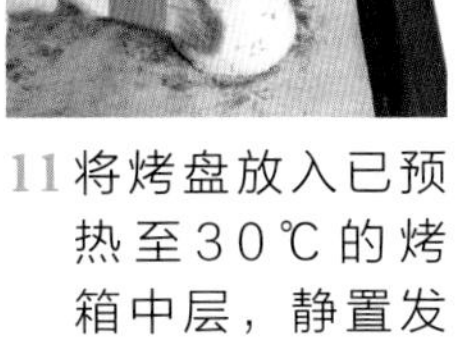

9 对半切开，制成罗勒奶酪卷坯。

10 取烤盘，铺上油纸，竖着放上罗勒奶酪卷坯。

11 将烤盘放入已预热至30℃的烤箱中层，静置发酵约30分钟，取出，刷上一层鸡蛋液。

烘烤

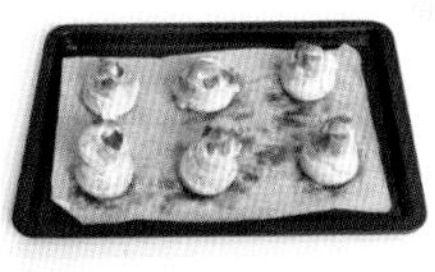

12 再将烤盘放入已预热至170℃的烤箱中层，烘烤约15分钟，转180℃续烤约3分钟即可。

火腿肠面包卷

分量 | 4个
时间 | 烤约20分钟
温度 | 上、下火160℃烘烤

< 材料 >

高筋面粉306克
低筋面粉56克
细砂糖40克
盐5克
酵母粉7克
清水200毫升
无盐黄油50克
火腿肠（对半切）4根
鸡蛋液适量

搅拌材料 —— 揉搓面团 →

1 将高筋面粉、低筋面粉、细砂糖、盐、酵母粉倒入大玻璃碗中，用手动搅拌器搅匀。

2 倒入清水，用橡皮刮刀翻拌几下，再用手揉成无干粉的面团。

3 取出面团，放在操作台上，反复揉搓、甩打至起筋。

4 将面团揉扯成方形的面皮，再卷起。

—— 第一次发酵 —— 分割、成形 →

5 将面团按扁，放上无盐黄油，揉扯至面团与无盐黄油混合均匀，再收圆。

6 将面团放回至大玻璃碗中，封上保鲜膜，室温环境中静置发酵15分钟。

7 撕开保鲜膜，用手指戳一下面团的正中间，以面团没有迅速复原为发酵好的状态。

8 取出面团，用刮板将面团分成4等份，收口、搓圆。

—— 第二次发酵 —— 烘烤 ——

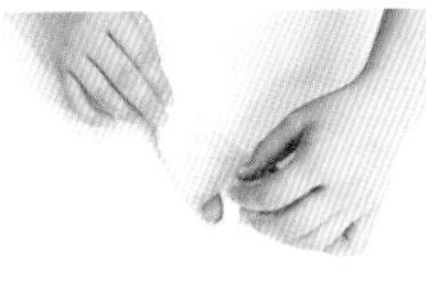

9 将面团擀成长舌形，放上火腿肠，再卷起，制成面包卷坯。

火腿肠用面团包住卷成芯后再继续往下卷。

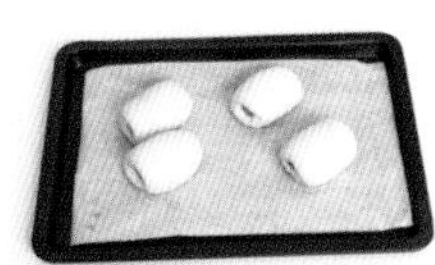

10 取烤盘，铺上油纸，放上面包卷坯，再放入已预热至30℃的烤箱中层，静置发酵30分钟，取出。

11 用刷子将鸡蛋液刷在面包卷坯表面。

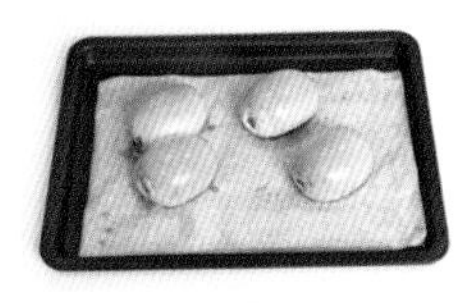

12 将烤盘放入已预热至160℃的烤箱中层，烤约20分钟即可。

烟熏鸡肉面包

分量 | 4个
时间 | 烤约18分钟
温度 | 上、下火180℃烘烤

< 材料 >

高筋面粉190克
低筋面粉55克
鸡蛋液30克
牛奶100毫升
奶粉15克
细砂糖30克
无盐黄油30克
盐3克
酵母粉4克
鸡蛋液少许（用于刷在面坯表面）
白芝麻少许
煎过的鸡肉丁25克
葱花适量

搅拌材料 ——→  **揉搓面团** ——→

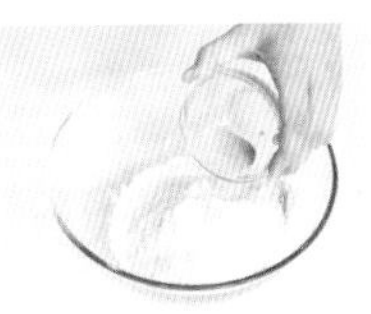

1 将高筋面粉、低筋面粉、奶粉、细砂糖、盐、酵母粉倒入大玻璃碗中，用手动搅拌器搅匀。

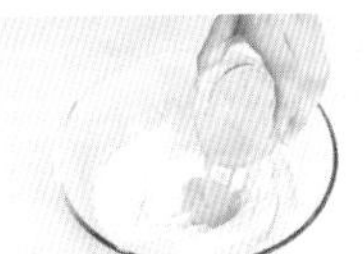

2 倒入鸡蛋液、牛奶，用橡皮刮刀翻压几下，再用手揉成团。

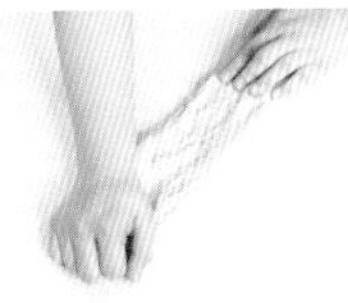

3 取出面团，放在干净的操作台上，将其反复揉扯拉长，再卷起。

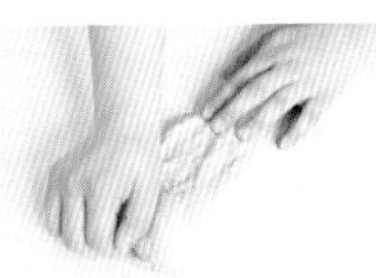

4 反复甩打几次，将卷起的面团稍稍搓圆、按扁。

——→ **第一次发酵** ——→  **分割、成形** ——→

5 放上无盐黄油，收口、揉匀，甩打几次，再将其揉成纯滑的面团。

甩打面团时，每一次都要将面团转 90°。

6 将面团放回大玻璃碗中，封上保鲜膜，静置发酵约30分钟。

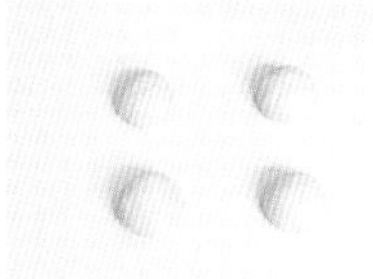

7 撕开保鲜膜，取出面团，用刮板分成4等份，再收口、搓圆。

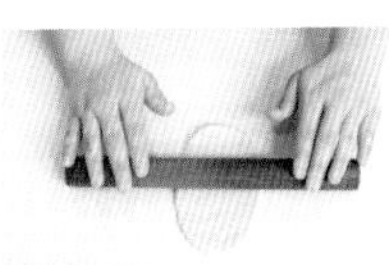

8 将面团擀成扁长舌形的面皮，按压一边使其固定。

——→  **第二次发酵** ——→ **烘烤** ——→

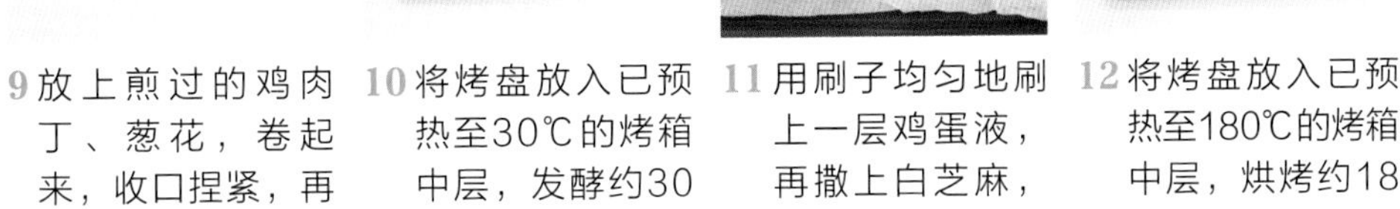

9 放上煎过的鸡肉丁、葱花，卷起来，收口捏紧，再滚搓几下，制成面包坯放入烤盘。

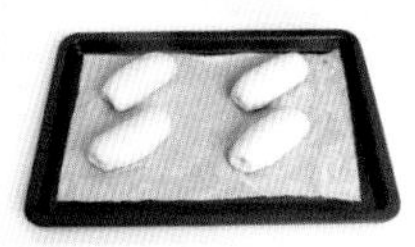

10 将烤盘放入已预热至30℃的烤箱中层，发酵约30分钟，取出。

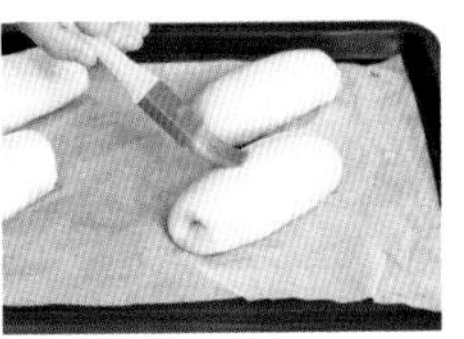

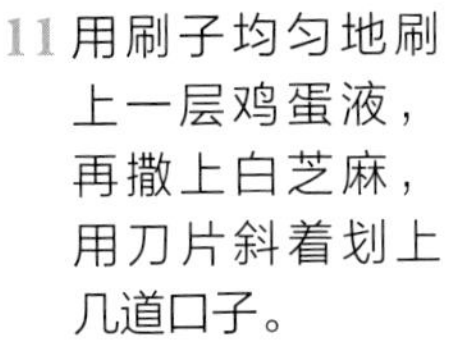

11 用刷子均匀地刷上一层鸡蛋液，再撒上白芝麻，用刀片斜着划上几道口子。

12 将烤盘放入已预热至180℃的烤箱中层，烘烤约18分钟即可。

豌豆培根圈面包

分量 | 3个
时间 | 烤约15分钟
温度 | 上、下火170℃烘烤

< 材料 >

●面团

高筋面粉250克
鸡蛋液25克
细砂糖10克
盐3克
酵母粉4克
罗勒叶碎1克
橄榄油15毫升
清水115毫升
培根适量

●表面材料

豌豆50克
鸡蛋（1个）55克
沙拉50克
鸡蛋液少许（用于刷在面坯表面）

< 制作步骤 >

搅拌材料

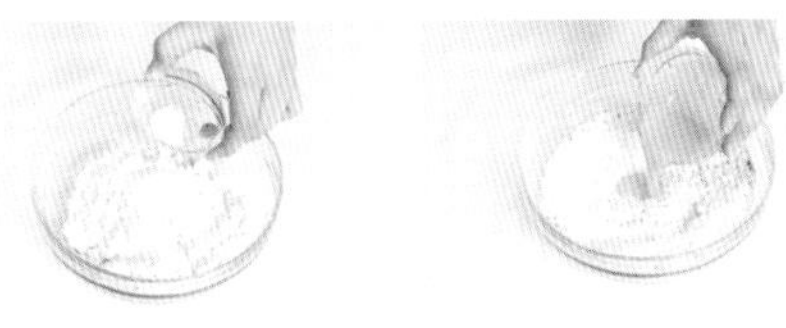

1 将高筋面粉、细砂糖、盐、酵母粉、罗勒叶碎倒入大玻璃碗中，用手动搅拌器搅拌均匀。

2 倒入鸡蛋液、橄榄油、清水，用橡皮刮刀翻压几下，再用手揉成团。

揉搓面团

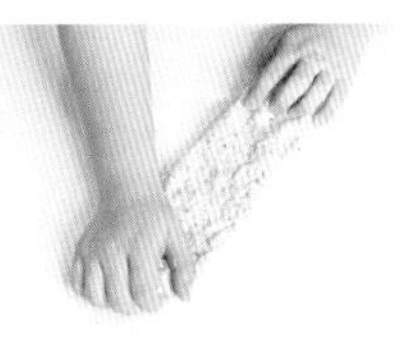

3 取出面团，放在干净的操作台上，将其反复揉扯拉长，再卷起，将其揉成纯滑的面团。

第一次发酵

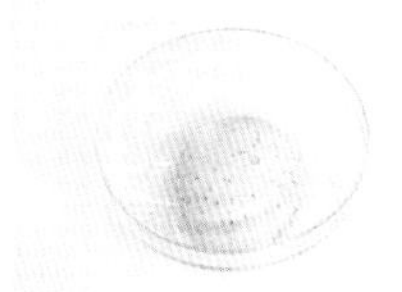

4 将面团放回至大玻璃碗中，封上保鲜膜，静置发酵约30分钟。

分割、成形

5 取出面团，用刮板分切成3等份，再收口、搓圆。

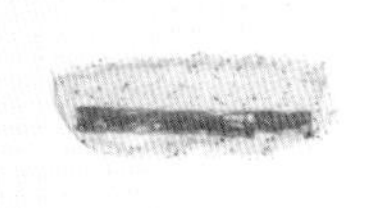

6 用擀面杖将面团擀成长舌形，放上培根，卷成条，由另一端开始盘绕成首尾相连的圈。

两端重叠的部分大约3厘米厚即可。

第二次发酵

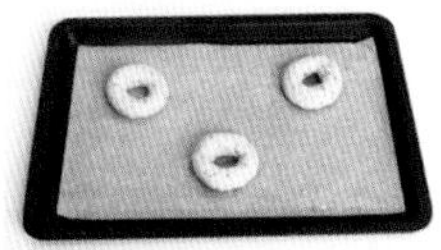

7 取出烤盘，铺上油纸，排放上圈形的面团。

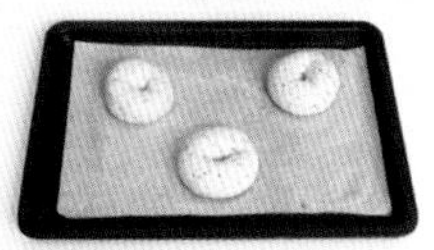

8 将烤盘放入已预热至30℃的烤箱中层，静置发酵约30分钟。

制作豌豆泥糊

9 将豌豆、鸡蛋一同放入搅拌机搅打成泥，倒入碗中。

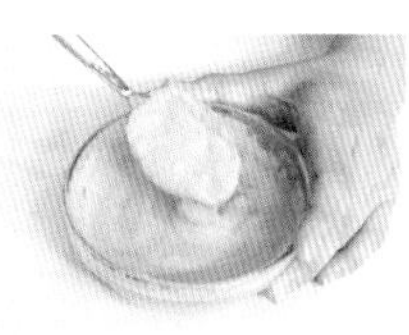

10 放入一半的沙拉，搅拌均匀，制成豌豆泥糊，装入裱花袋里。

烘烤

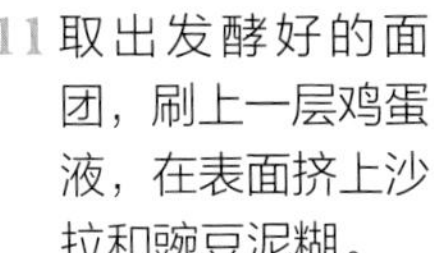

11 取出发酵好的面团，刷上一层鸡蛋液，在表面挤上沙拉和豌豆泥糊。

12 将烤盘放入已预热至170℃的烤箱中层，烘烤约15分钟即可。

第四章 别具风味的咸面包

香甜松软的甜面包令人一点抵抗力都没有，
但是，做了那么久的甜面包，也该换换口味了，
下面就让我们尝试着制作风味十足的咸面包吧。
咸面包的制作十分简单，
对于味蕾比较挑剔的人是极具诱惑力的。

全麦海盐面包

分量 | 4个
时间 | 烤约15分钟
温度 | 上、下火190℃烘烤

< 材料 >

高筋面粉105克
全麦面粉45克
奶粉5克
细砂糖5克
盐2克
酵母粉3克
冰水105毫升
无盐黄油15克
表面装饰用高筋面粉少许

< 制作步骤 >

搅拌材料

1 将高筋面粉、全麦面粉、奶粉、酵母粉、细砂糖、盐用手动搅拌器搅拌均匀。

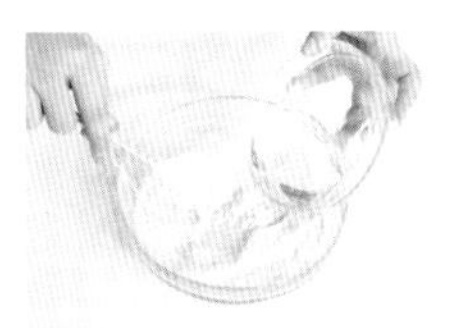

2 倒入冰水，用橡皮刮刀翻拌均匀，用手揉成团。

揉搓面团

3 取出面团，放在干净的操作台上，将其反复揉扯拉长，再卷起。

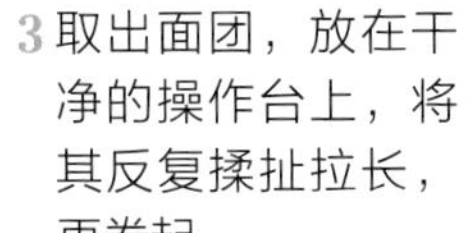

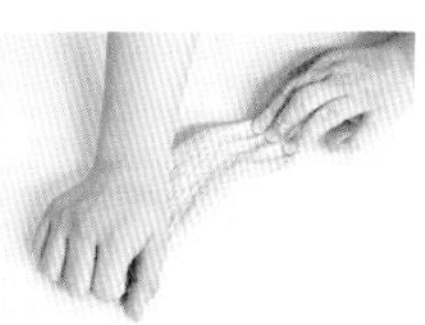

4 将收口朝上，将面团揉长。

5 放上无盐黄油，收口、揉匀。

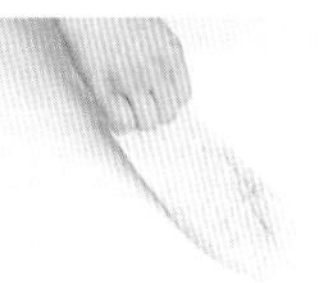

6 甩打几次，再次收口，将其揉成纯滑的面团。

第一次发酵

7 将面团放回至大玻璃碗中，封上保鲜膜，静置发酵约30分钟。

分割、成形

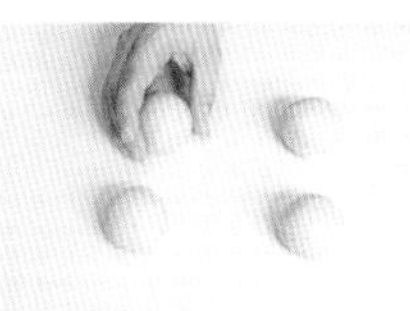

8 撕开保鲜膜，取出面团，用刮板分成4等份，再收口、搓圆。

第二次发酵

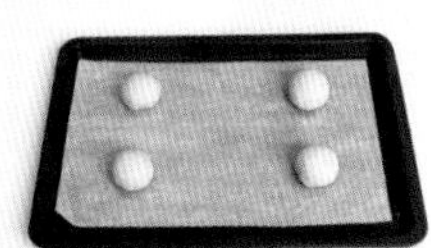

9 取烤盘，铺上油纸，放上面团。

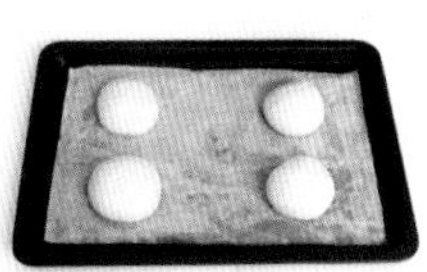

10 将烤盘放入已预热至30℃的烤箱中层，发酵约30分钟，取出。

烘烤

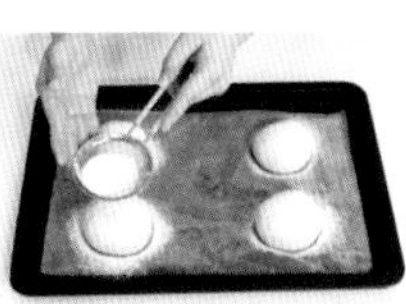

11 筛上一层高筋面粉，用刀片在面团上横竖各划上两道口子。

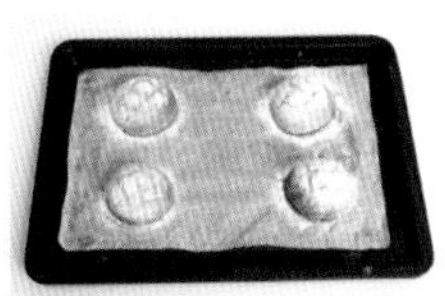

12 将烤盘放入已预热至190℃的烤箱中层，烘烤约15分钟即可。

最后发酵时要注意避免干燥，否则切面团时会拉扯到面团，产生皱纹。

香葱面包

分量 | 4个
时间 | 烤约20分钟
温度 | 上、下火180℃烘烤

< 材料 >

高筋面粉564克
酵母粉8克
清水340毫升
葱花10克
猪油适量

搅拌材料 —— 揉搓面团 —— 第一次发酵 —— 分割、成形 ——→

1 将高筋面粉、酵母粉倒入大玻璃碗中，用手动搅拌器搅拌均匀。

2 倒入清水，揉搓成团，再取出放在操作台上，反复甩打、揉扯至光滑。

3 将面团放回至大玻璃碗中，封上保鲜膜，静置发酵约50分钟。

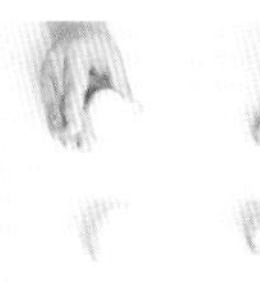

4 取出面团，用刮板将其分成4等份，再收口、滚圆。

—— 第二次发酵 —— 制香葱酱 ——→

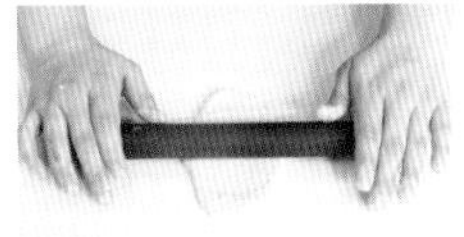

5 将面团擀成椭圆形的薄面皮。

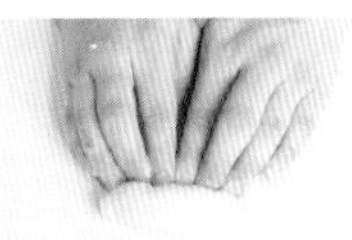

6 按压一边使其固定，从另一边卷起面皮成条状，即成面包坯。

7 取烤盘，铺上油纸，放上面包坯，放入已预热至30℃的烤箱中层，静置发酵约20分钟。

8 将葱花、猪油装入碗中，用勺子拌匀，制成香葱酱。

—— 烘烤 ——

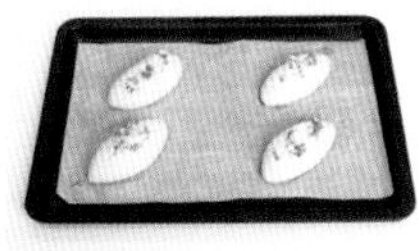

9 将香葱酱均匀涂抹在发酵好的面团上。

可撒入适量黑胡椒，使其更具风味。

10 将烤盘放入已预热至180℃的烤箱中层，烤约20分钟即可。

面包的正确切法

切面包时不能用下压的方式切，容易将面包压扁，要有耐心地前后移动刀身、慢慢往下锯。

韩式香蒜面包

分量 | 3个
时间 | 烤约20分钟
温度 | 上、下火160℃烘烤

< 材料 >

● 奶香面团

高筋面粉350克
奶粉20克
蛋黄（2个）38克
牛奶230毫升
盐3克
细砂糖45克
无盐黄油35克
酵母粉5克

● 香蒜料

蒜末15克
无盐黄油35克
罗勒叶碎少许

● 表面材料

罗勒叶碎少许
蛋黄液少许

< 制作步骤 >

搅拌材料 → 揉搓面团 →

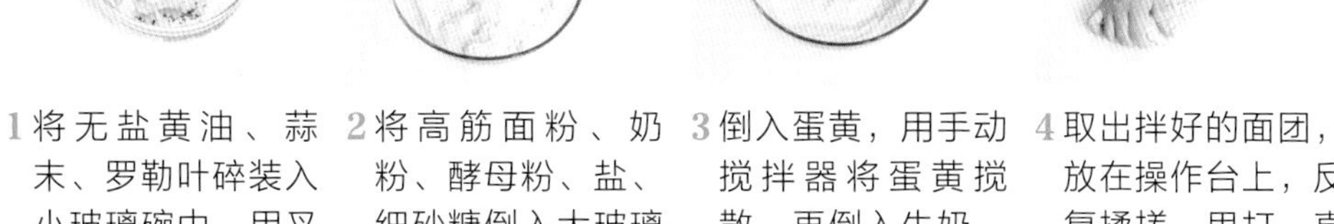

1 将无盐黄油、蒜末、罗勒叶碎装入小玻璃碗中，用叉子搅拌均匀，制成香蒜料。

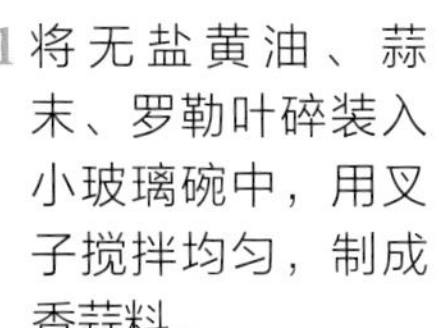

可以根据个人喜好，适当添加白糖。

2 将高筋面粉、奶粉、酵母粉、盐、细砂糖倒入大玻璃碗中，用手动搅拌器搅拌均匀。

3 倒入蛋黄，用手动搅拌器将蛋黄搅散，再倒入牛奶，用橡皮刮刀翻拌至无干粉。

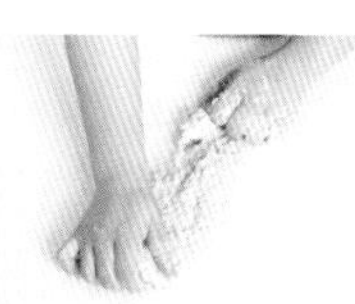

4 取出拌好的面团，放在操作台上，反复揉搓、甩打，直至起筋。

第一次发酵 → 第二次发酵 → 成形 →

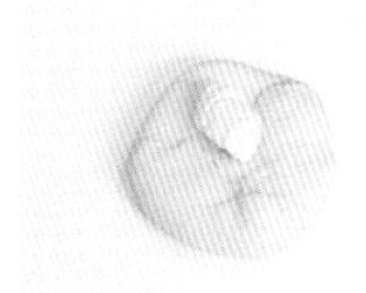

5 将面团卷起，收口朝上，再按扁，放上无盐黄油，继续收口，再滚圆成光滑的面团。

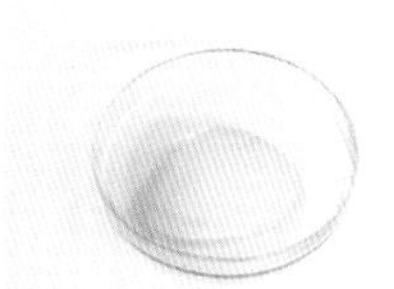

6 将面团放回大玻璃碗中，封上保鲜膜，室温环境中静置发酵约20分钟，即成奶香面团。

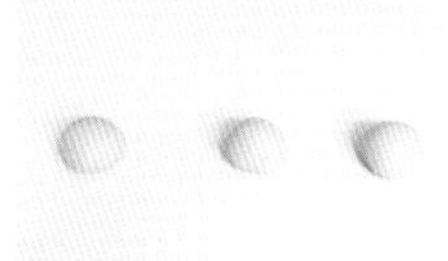

7 取出面团，用刮板分成3等份，收口、搓圆，封上保鲜膜，静置发酵约15～20分钟。

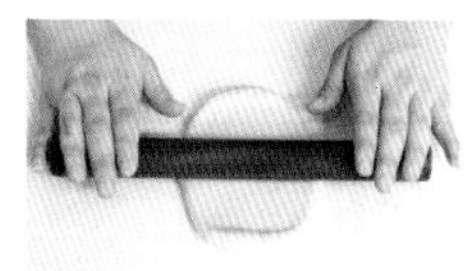

8 将面团擀成长舌形，用手按压一边使其固定。

烘烤

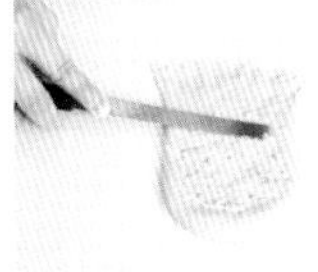

9 将香蒜料放在面团上，再卷起、收口，呈橄榄形。

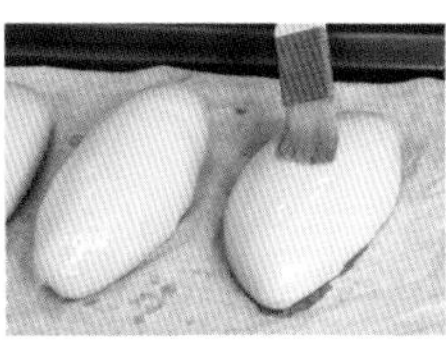

10 将面团放在铺有油纸的烤盘上，刷上蛋黄液。

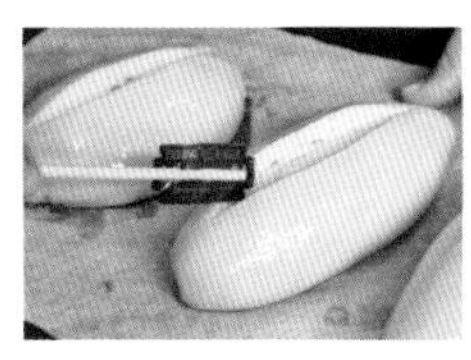

11 用刀片在面团中间开一个口子，撒上罗勒叶碎。

12 将烤盘放入已预热至160℃的烤箱中层，烤约20分钟即可。

大蒜全麦面包

分量 | 4个
时间 | 烤约18分钟
温度 | 上、下火190℃烘烤

< 材料 >

●面团

高筋面粉105克
全麦面粉45克
奶粉5克
细砂糖5克
盐2克
酵母粉3克
冰水105毫升
无盐黄油15克

●内馅

熔化的无盐黄油40克
蒜末3克
干香葱碎少许

<制作步骤>

搅拌材料

揉搓面团

1 将高筋面粉、全麦面粉、奶粉、酵母粉、细砂糖、盐，用手动搅拌器搅拌均匀。

2 倒入冰水，用橡皮刮刀翻拌均匀，用手揉成团。

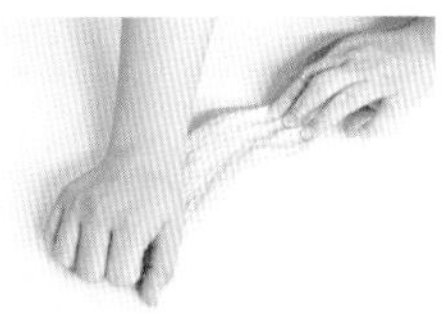

3 取出面团放在干净的操作台上，将其反复揉扯拉长，再卷起。

4 将面团收口朝上，将面团揉长，放上无盐黄油，收口、揉匀。

第一次发酵

分割、成形

第二次发酵

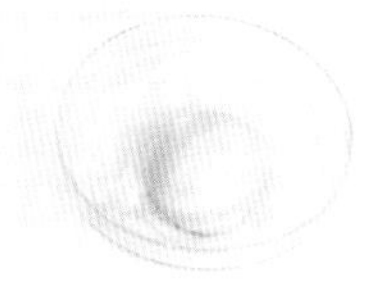

5 将其揉成纯滑的面团，放回大玻璃碗中，封上保鲜膜，静置发酵30分钟。

6 撕开保鲜膜，取出面团，用刮板分成4等份，再收口、搓圆。

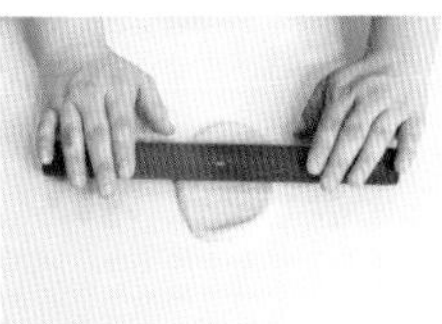

7 将面团擀成长舌形，按压一边使其固定，从另一边开始翻压、卷起，收口后滚成橄榄形。

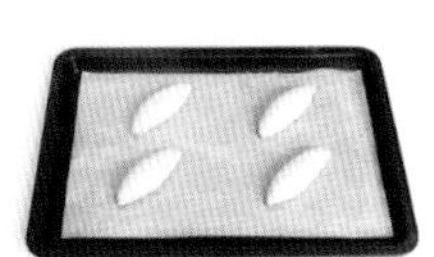

8 取烤盘，铺上油纸，放上面团。

烘烤

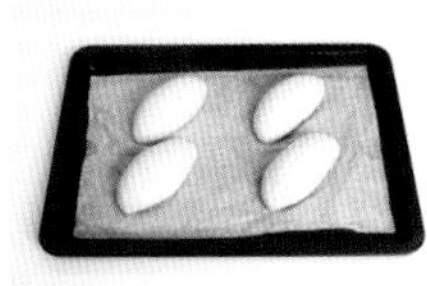

9 将烤盘放入已预热至30℃的烤箱中层，静置发酵约30分钟，取出。

10 用刀片在面团中间划一道口子。

划口子可起到装饰作用，也可使面包烤得更酥脆，提升口感。

11 将熔化的无盐黄油挤入口子中，再放上蒜末、干香葱碎。

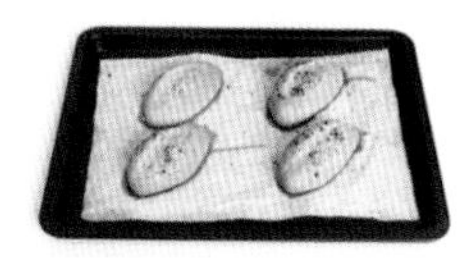

12 将烤盘放入已预热至190℃的烤箱中层，烘烤约18分钟即可。

阿尔萨斯香料面包

分量 | 1个
时间 | 烤约40分钟
温度 | 上、下火180℃烘烤

< 材料 >

高筋面粉220克
鸡蛋（2个）106克
红糖100克
无盐黄油120克
蜂蜜100克
白芝麻5克
盐0.5克
泡打粉1克

熔化黄油 —— 搅拌材料 ——→

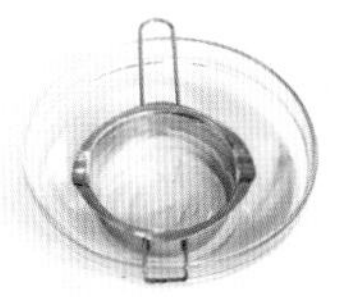

1 将无盐黄油倒入不锈钢锅中，隔热水用橡皮刮刀搅拌至熔化。

2 将高筋面粉、泡打粉、盐倒入大玻璃碗中，用手动搅拌器搅拌均匀。

3 将红糖过筛至碗里，用手动搅拌器搅拌均匀。

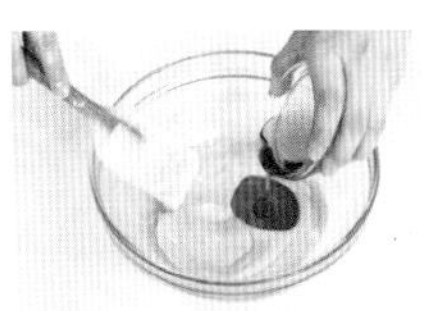

4 将熔化的无盐黄油、蜂蜜倒入另一个大玻璃碗中，搅拌均匀。

—— 入模烘烤 ——→

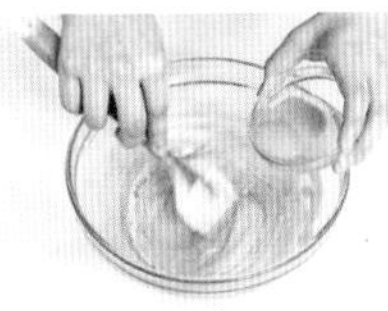

5 分2次倒入鸡蛋，均用橡皮刮刀拌匀。

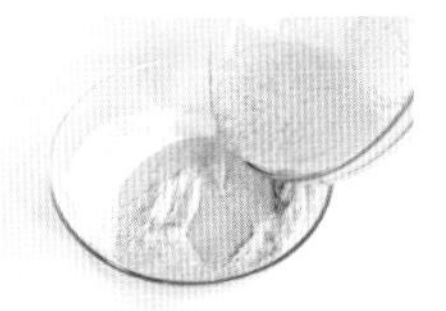

6 将拌匀的材料倒入装有高筋面粉的大玻璃碗中。

和面时要和得均匀，至面团表面光滑才可。

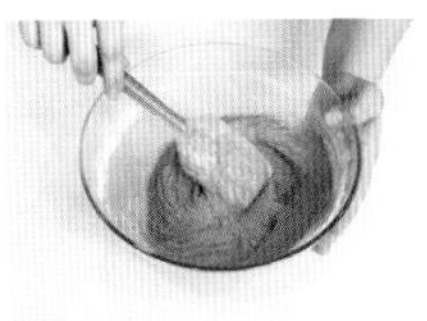

7 用橡皮刮刀翻拌至无干粉状，制成面包糊。

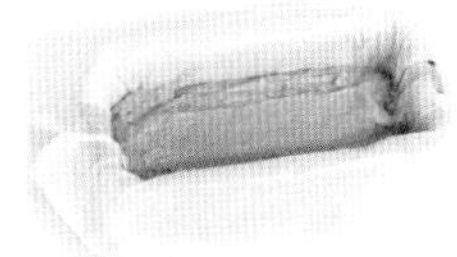

8 取1磅的磅蛋糕模具，铺上一层油纸，倒入面包糊。

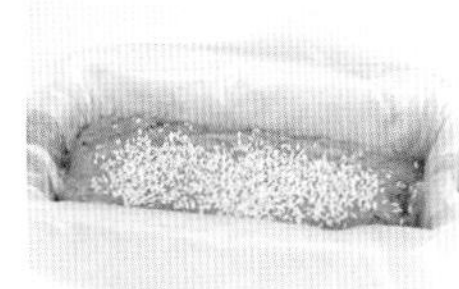

9 在面包糊的表面撒上白芝麻。

10 放入已预热至180℃的烤箱中层，烤约40分钟，取出烤好的面包，凉凉后脱模即可。

切面包的刀

切面包时最好选用刀锋细长并带有凹凸锯齿的面包刀，这种刀只要轻轻一划，就能切出漂亮的面包。

肉松面包

分量 | 4个
时间 | 烤约20分钟
温度 | 上、下火185℃烘烤

< 材料 >

高筋面粉564克
酵母粉8克
清水340毫升
肉松50克
沙拉酱少许

< 制作步骤 >

搅拌材料

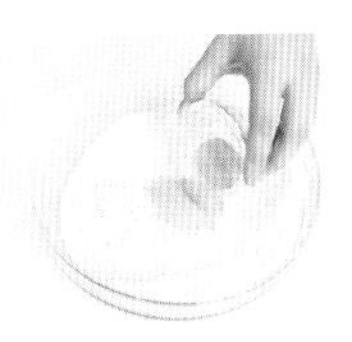

1 将高筋面粉、酵母粉倒入大玻璃碗中，用手动搅拌器搅拌均匀。

2 倒入清水，揉搓成面团。

揉搓面团

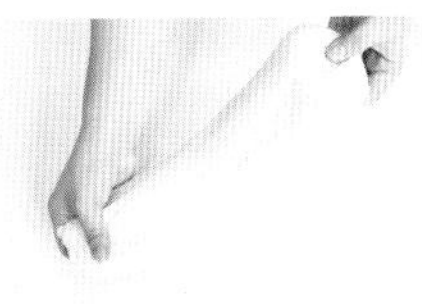

3 取出面团，放在操作台上，反复甩打、揉扯至光滑。

第一次发酵

4 将面团放回至大玻璃碗中，封上保鲜膜，静置发酵约50分钟。

分割、成形

5 取出面团，用刮板将面团分成4等份，收口、滚圆。

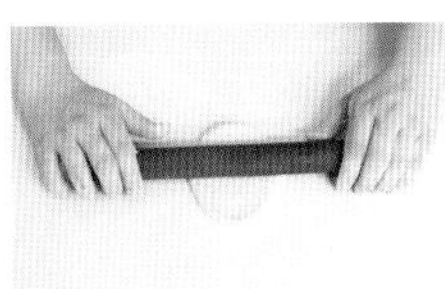

6 将面团擀成椭圆形的薄面皮，按压一边使其固定，从另一边卷起面皮成条状，即成面包坯。

第二次发酵

7 取烤盘，铺上油纸，放上面包坯。

8 将烤盘放入已预热至30℃的烤箱中层，静置发酵约20分钟，取出。

烘烤

9 将烤盘放入已预热至185℃的烤箱中层，烤约20分钟。

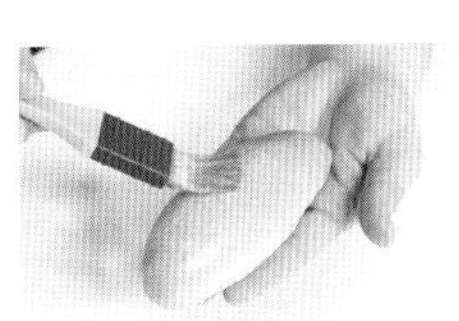

10 取出烤好的面包，刷上一层沙拉酱，放上肉松即可。

肉松铺放要均匀，以免影响成品的美观和口感。

先混合水以外的材料

因为每种粉类材料的吸水速度不一样，为了让材料可以混合均匀，所以要预先将粉类材料拌匀。

比萨洋葱面包

分量 | 1个
时间 | 烤15分钟
温度 | 上、下火180℃烘烤

< 材料 >

高筋面粉250克
洋葱条10克
无盐黄油15克
细砂糖20克
盐3克
酵母粉3克
鸡蛋60克
黑胡椒粒1克
清水100毫升
鸡蛋液少许
奶酪块适量

< 制作步骤 >

搅拌材料

揉搓面团

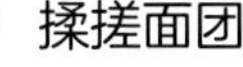

1 将高筋面粉、细砂糖、盐、酵母粉倒入大玻璃碗中，用手动搅拌器搅拌均匀。

2 倒入鸡蛋、清水，用橡皮刮刀翻拌至无干粉，再用手揉搓几下。

鸡蛋要提前搅拌均匀。

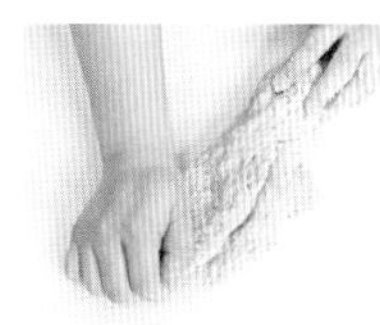

3 取出后放在干净的操作台上，反复揉扯后卷起，甩打后将面团搓圆。

4 将面团按扁，放上无盐黄油，收口后揉搓均匀。

第一次发酵

5 再将面团多次揉扯长，卷起后收口、搓圆。

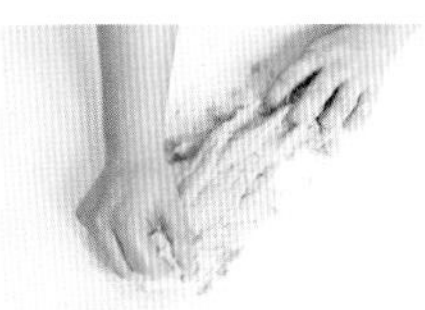

6 将面团按扁，放上黑胡椒粒，收口，用刮板多次将面团切成几块后再揉搓成团。

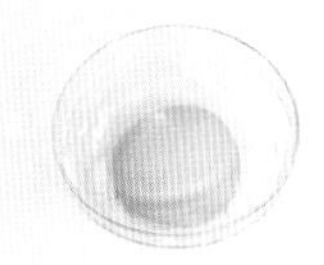

7 将面团放回至大玻璃碗中，封上保鲜膜，室温环境中静置发酵约15分钟。

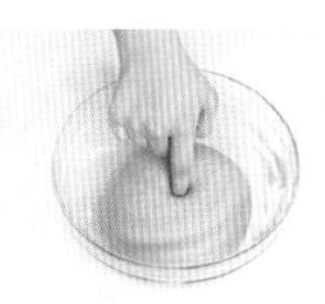

8 撕开保鲜膜，用手指戳一下面团的正中间，以面团没有迅速复原为发酵好的状态。

分割、成形

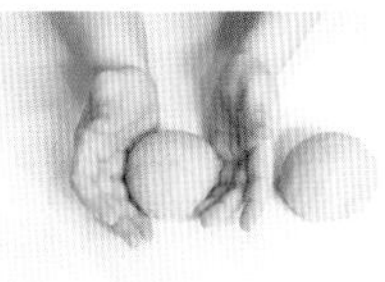

9 取出面团，用刮板分成2等份，再收口、搓圆。

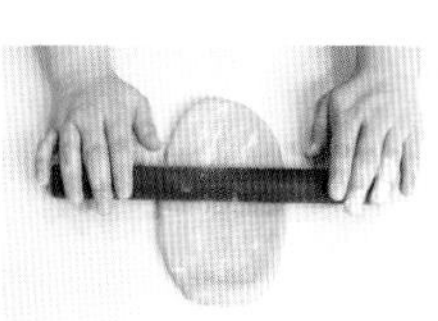

10 将面团擀成长舌形，从一边开始卷起，揉搓成两头稍尖的条，两条扭在一起。

第二次发酵

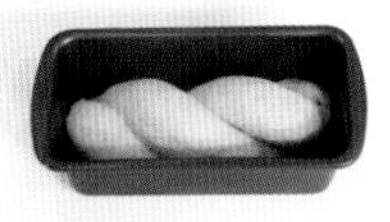

11 放入铺有油纸的面包模具里，再放入已预热至30℃的烤箱中层，静置发酵约30分钟。

烘烤

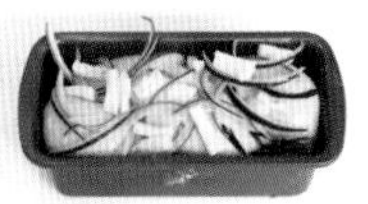

12 刷上鸡蛋液，放上洋葱条、奶酪块，再放入已预热至180℃的烤箱中层，烘烤15分钟即可。

胡萝卜培根面包

分量 | 2个
时间 | 烤约20分钟
温度 | 上、下火180℃烘烤

< 材料 >

高筋面粉150克
培根碎15克
奶粉3克
胡萝卜汁80克
细砂糖8克
盐2克
无盐黄油25克
酵母粉3克
黑胡椒碎3克

<制作步骤>

搅拌材料 —— 揉搓面团 ——

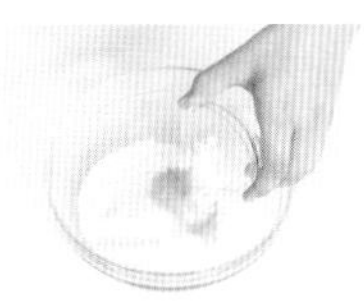
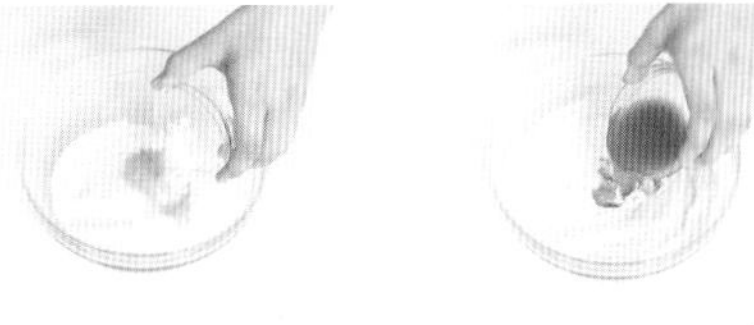
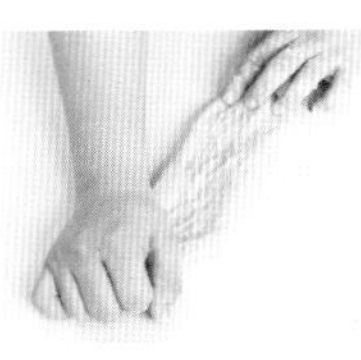

1 将高筋面粉、奶粉、细砂糖、酵母粉、盐倒入大玻璃碗中，用手动搅拌器搅拌均匀。

2 倒入胡萝卜汁，用橡皮刮刀翻拌均匀至无干粉，揉搓成团。

可以根据自己的口味，添加其他蔬果汁。

3 取出反复揉扯、甩打，再滚圆成光滑的面团。

4 将面团按扁，放上无盐黄油，收口、甩打面团，再揉搓至混合均匀。

—— 第一次发酵 —— 分割、成形 ——

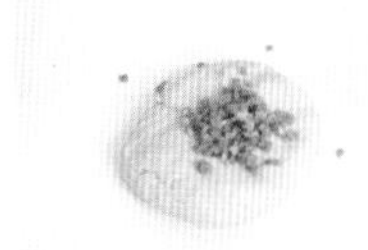

5 再将面团按扁，放上培根碎、黑胡椒碎，继续将面团甩打、揉搓至光滑。

6 将面团放回大玻璃碗中，封上保鲜膜，室温环境中静置发酵约15分钟。

7 取出面团，用刮板分切成2等份，收口、搓圆。

8 用擀面杖擀成圆形面皮。

—— 第二次发酵 —— 烘烤 ——

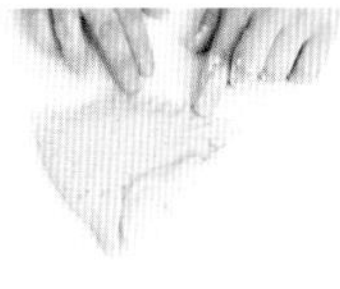
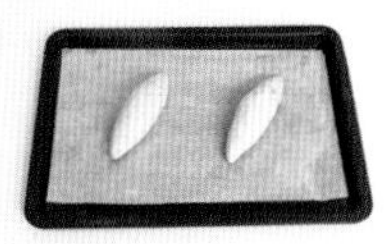
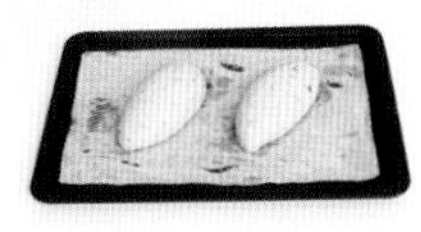
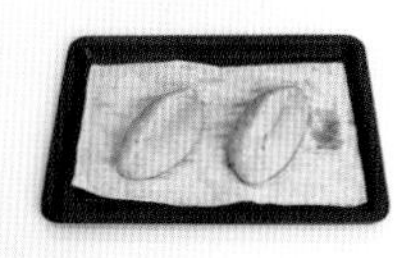

9 将两边对折，按压固定住底边，再卷起，搓成纺锤形，即成胡萝卜培根面包坯。

10 取烤盘，在烤盘上铺上油纸，再放上胡萝卜培根面包坯。

11 将烤盘放入已预热至30℃的烤箱中层，发酵约30分钟，取出。

12 用刀片在胡萝卜培根面包坯正中间划开一道口子，放入已预热至180℃的烤箱中层，烤约20分钟即可。

香葱培根卷面包

分量 | 6个
时间 | 烤约15分钟
温度 | 上、下火180℃烘烤

< 材料 >

高筋面粉190克
低筋面粉55克
鸡蛋液30克
牛奶100毫升
奶粉15克
葱花3克
培根丁40克
细砂糖30克
无盐黄油30克
盐3克
酵母粉4克
无盐黄油（用于涂抹于模具上）少许
鸡蛋液少许

< 制作步骤 >

搅拌材料

揉搓面团

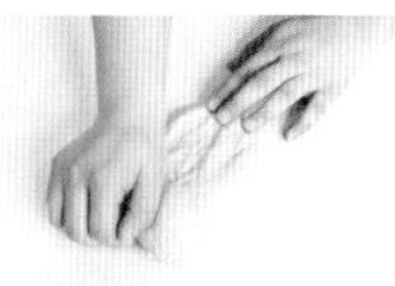

1 将高筋面粉、低筋面粉、奶粉、细砂糖、盐、酵母粉倒入大玻璃碗中，用手动搅拌器搅匀。

2 倒入鸡蛋液、牛奶，用橡皮刮刀翻压几下，再用手揉成团。

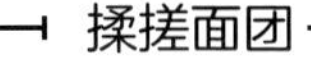

3 取出面团，放在干净的操作台上，将其反复揉扯拉长，再卷起，稍稍搓圆、按扁。

4 放上无盐黄油，收口、揉匀，甩打几次，再将其揉成纯滑的面团。

第一次发酵

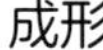

成形

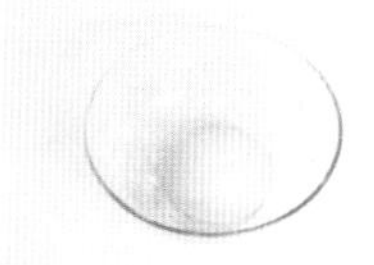

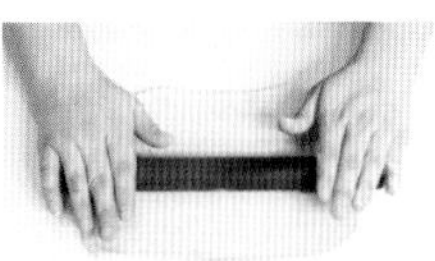

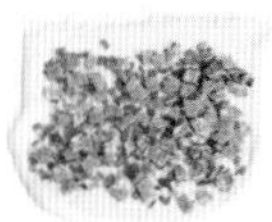

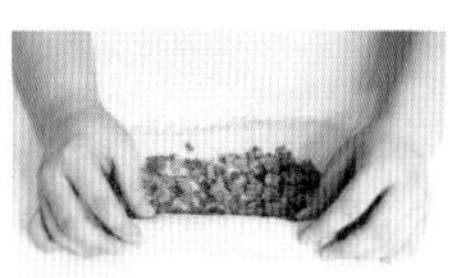

5 将面团放回大玻璃碗中，封上保鲜膜，静置发酵约30分钟。

6 撕开保鲜膜，取出面团，用擀面杖擀成方形的薄面皮，用手按压面皮一边使其固定。

7 放上葱花、培根丁，抹匀。

8 提起面皮，慢慢卷起，收口捏紧。

收口一定要捏紧，否则面皮容易散开。

第二次发酵

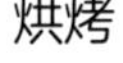

烘烤

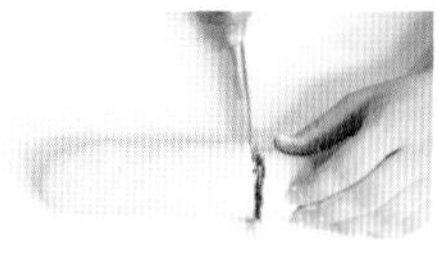

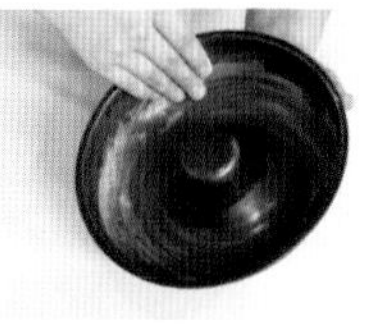

9 切成厚度一致的块，制成香葱培根卷面包坯。

10 取模具，抹上少许无盐黄油，再放上香葱培根卷面包坯。

11 将模具放入已预热至30℃的烤箱中层，发酵约30分钟，取出。

12 刷上一层鸡蛋液，再放入已预热至180℃的烤箱中层，烘烤约15分钟即可。

火腿贝果面包

分量 | 4个
时间 | 烤约15分钟
温度 | 上、下火180℃烘烤

< 材料 >

高筋面粉250克
鸡蛋（1个）55克
细砂糖30克
无盐黄油30克
盐3克
酵母粉4克
黑胡椒粒1克
火腿肠粒15克
清水600毫升

搅拌材料 → 揉搓面团 →

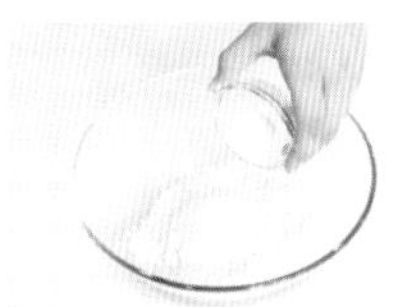

1 将高筋面粉、20克细砂糖、盐、酵母粉倒入大玻璃碗中，用手动搅拌器搅拌均匀。

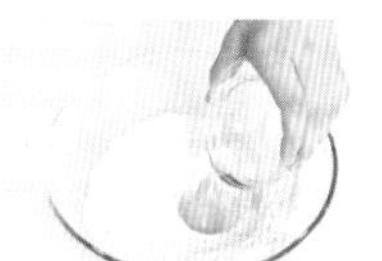

2 倒入鸡蛋、100毫升清水，用橡皮刮刀翻拌至无干粉，再用手揉搓几下。

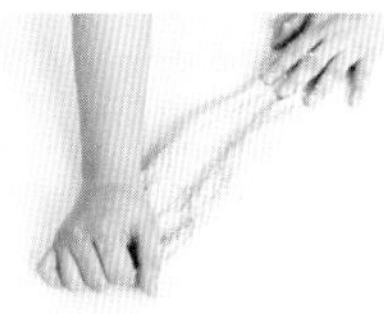

3 取出面团，放在干净的操作台上，反复揉扯后卷起，甩打至光滑，再将面团搓圆。

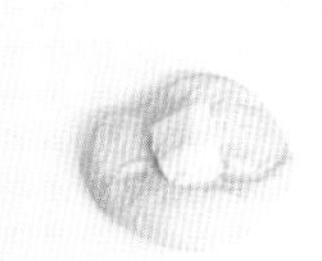

4 将面团按扁，放上无盐黄油，收口后揉搓均匀，搓圆。

第一次发酵 → 第二次发酵 → 成形 →

5 将面团按扁，放上火腿肠粒、黑胡椒粒，收口，用刮板多次将面团切成几块后再揉搓成团。

6 将面团放回大玻璃碗中，封上保鲜膜，室温环境中静置发酵约15分钟。

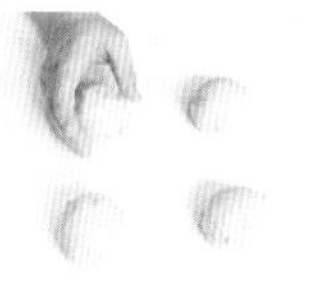

7 取出面团，分切成4等份，搓圆，封上保鲜膜，室温环境中松弛发酵约15分钟。

保鲜膜要封紧，否则会影响饧面的效果。

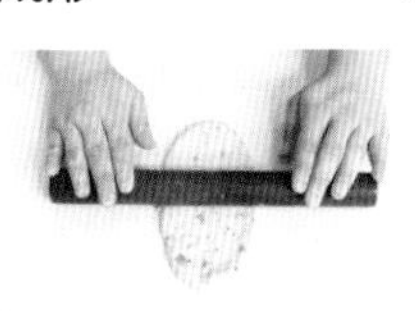

8 撕掉保鲜膜，将面团擀成长舌形，从一边开始卷成条，再卷成首尾相连的圈。

汆煮面团 → 烘烤

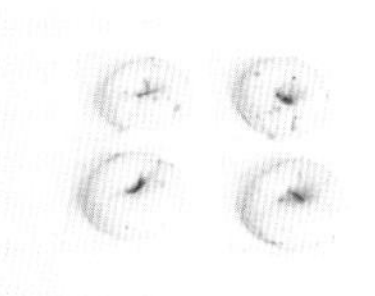

9 再放在比面团稍大的油纸上，即成火腿贝果坯，封上保鲜膜，室温环境中松弛发酵20分钟。

10 锅中加10克细砂糖、500毫升清水，中火烧开。

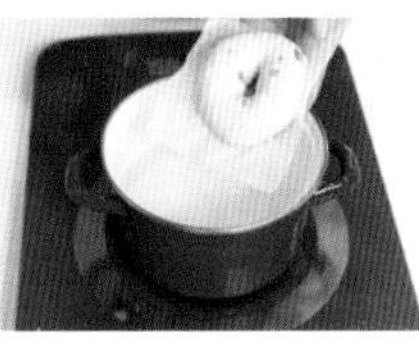

11 放入火腿贝果坯，两面各烫20秒，翻面前取走油纸，捞出沥干水分，放在铺有油纸的烤盘上。

12 将烤盘放入已预热至180℃的烤箱中层，烘烤约15分钟即可。

牛肉比萨

分量 | 1个
时间 | 烤约15分钟
温度 | 上、下火190℃烘烤

< 材料 >

高筋面粉300克
鸡蛋（1个）55克
牛肉块45克
圣女果块20克
奶酪条15克
酵母粉3克
细砂糖12克
盐3克
番茄酱少许
比萨酱适量
清水160毫升

< 制作步骤 >

搅拌材料 → 揉搓面团

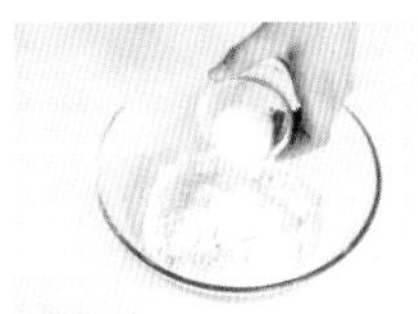

1 将高筋面粉、酵母粉、盐、细砂糖倒入大玻璃碗中，用手动搅拌器搅匀。

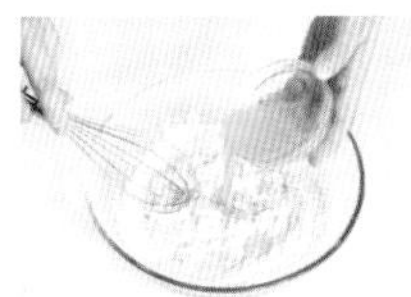

2 倒入清水，放入搅散的鸡蛋，用橡皮刮刀翻拌几下，再用手揉至无干粉。

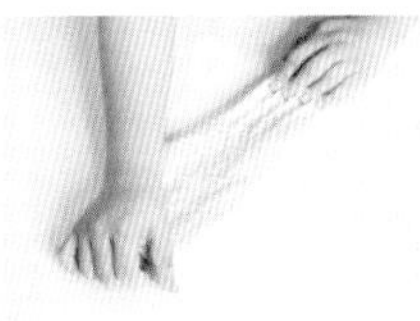

3 取出面团，放在干净的操作台上，反复甩打至起筋。

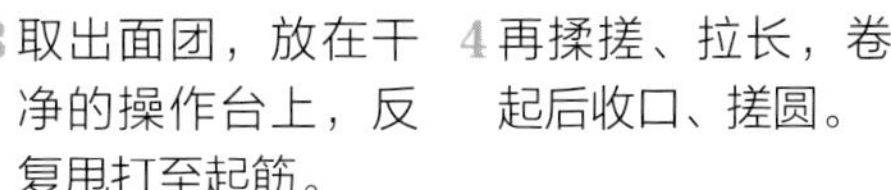

4 再揉搓、拉长，卷起后收口、搓圆。

第一次发酵 → 成形

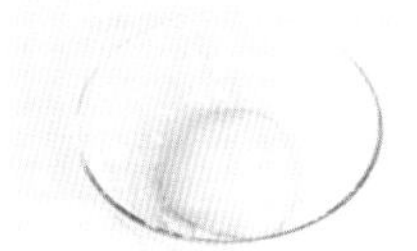

5 将面团放回大玻璃碗中，封上保鲜膜，静置发酵约30分钟。

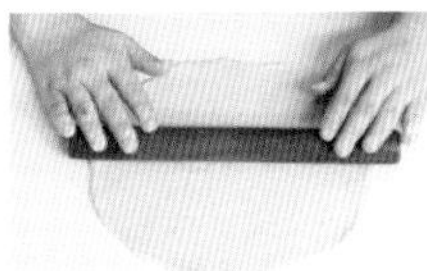

6 撕开保鲜膜，取出发酵好的面团，将其擀成厚薄一致的圆形薄面皮。

7 取烤盘，铺上油纸，放上面皮，用叉子均匀地插出一些气孔。

8 挤上番茄酱，用叉子涂抹均匀。

第二次发酵 → 烘烤

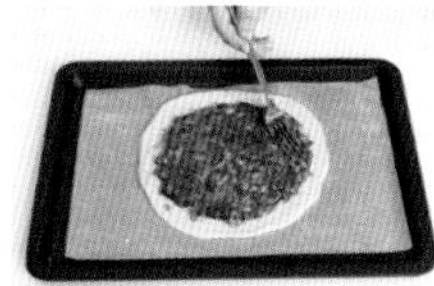

9 放上比萨酱抹匀。

10 均匀地放上牛肉块、圣女果块、奶酪条。

11 将烤盘放入已预热至30℃的烤箱中层，发酵约30分钟，取出。

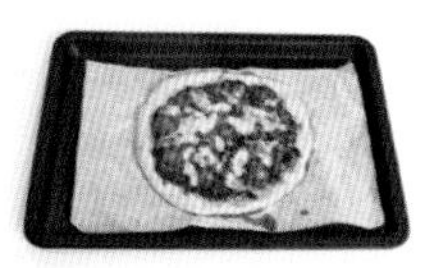

12 将烤盘放入已预热至190℃的烤箱中层，烘烤约15分钟即可。

食材尽量铺均匀，才能保证比萨的外观及口感。

泡菜海鲜比萨

分量 | 1个
时间 | 烤约18分钟
温度 | 上、下火170℃烘烤

< 材料 >

高筋面粉300克
鸡蛋（1个）55克
酵母粉3克
细砂糖12克
盐3克
奶酪条15克
烧烤酱适量
泡菜40克
虾仁18克
清水160毫升

< 制作步骤 >

搅拌材料

揉搓面团

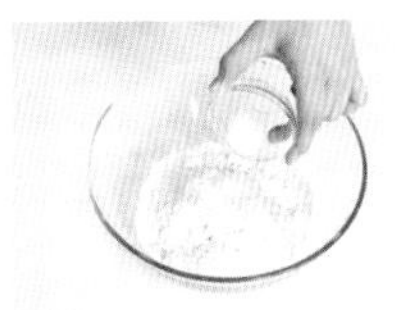

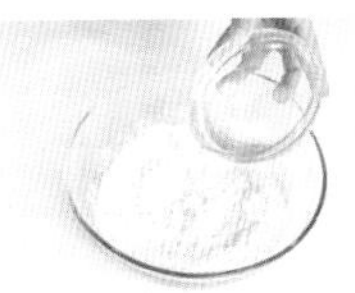

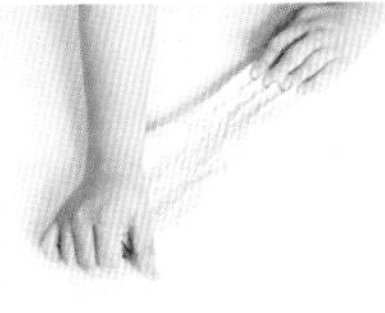

1 将高筋面粉、酵母粉、盐、细砂糖倒入大玻璃碗中，用手动搅拌器搅匀。

2 倒入清水，放入搅散的鸡蛋，用橡皮刮刀翻拌几下，再用手揉至无干粉。

3 取出面团，放在干净的操作台上，反复甩打至起筋。

4 再揉搓、拉长，卷起后收口、搓圆。

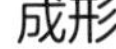

第一次发酵

成形

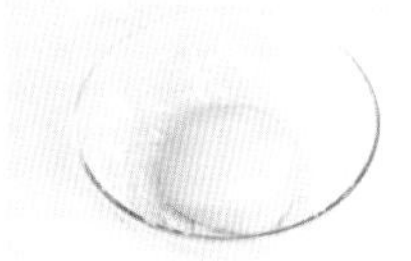

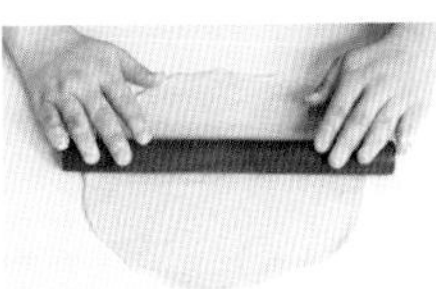

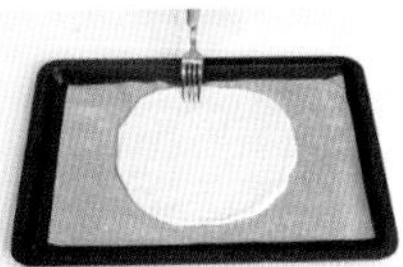

5 将面团放回大玻璃碗中，封上保鲜膜，静置发酵约30分钟。

6 撕开保鲜膜，取出面团，擀成厚薄一致的圆形薄面皮。

7 取烤盘，铺上油纸，放上面皮，用叉子均匀地插出一些气孔。

8 刷上烧烤酱。

可依个人喜好，增减烧烤酱的用量。

第二次发酵

烘烤

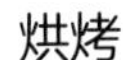

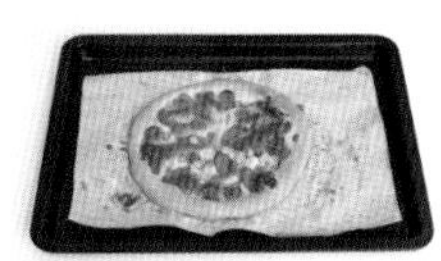

9 放上泡菜、虾仁。

10 撒上奶酪条。

11 将烤盘放入已预热至30℃的烤箱中层，发酵约30分钟，取出。

12 烤盘放入已预热至170℃的烤箱中层，烘烤约18分钟即可。

牛肉汉堡

分量 | 4个
时间 | 烤约18分钟
温度 | 上、下火180℃烘烤

< 材料 >

高筋面粉564克
酵母粉8克
清水340毫升
熟牛肉片60克
西红柿片30克
鸡蛋液30克
生菜叶适量
黑芝麻适量
沙拉酱适量

< 制作步骤 >

搅拌材料 → 揉搓面团 → 第一次发酵 → 分割、成形 →

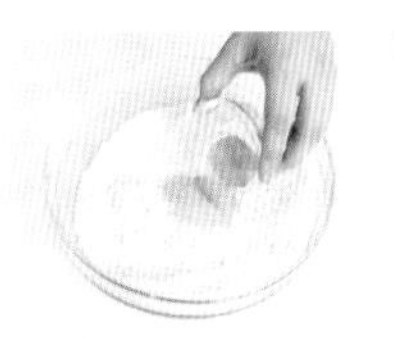

1 将高筋面粉、酵母粉倒入大玻璃碗中，用手动搅拌器搅拌均匀。

2 倒入清水，揉搓成团，再取出放在操作台上，反复甩打、揉扯至光滑。

3 将面团放回大玻璃碗中，封上保鲜膜，静置发酵约50分钟后取出。

4 用刮板将面团分成4等份，再收口、滚圆。

第二次发酵 → 烘烤

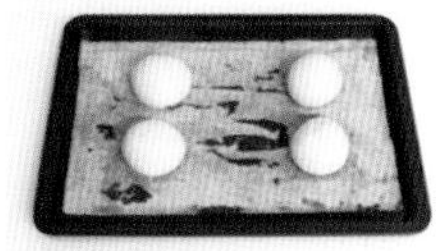

5 将面包坯放在铺有油纸的烤盘上。

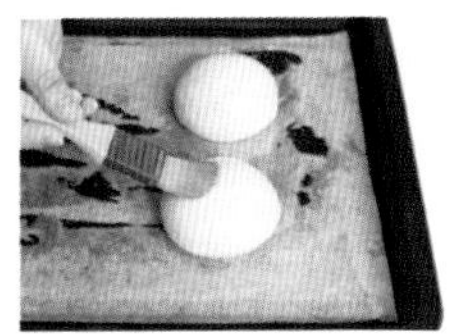

6 刷上鸡蛋液，撒上黑芝麻。

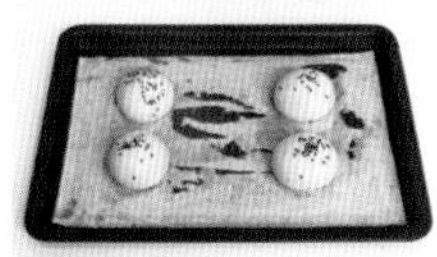

7 将烤盘放入已预热至30℃的烤箱中层，静置发酵约30分钟。

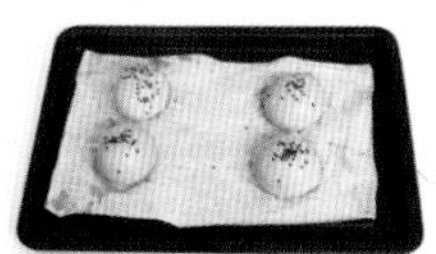

8 再将烤盘放入已预热至180℃的烤箱中层，烘烤约18分钟，取出。

组合装饰

9 将烤好的面包切开一个口子。

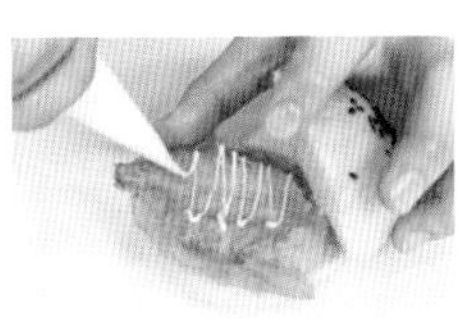

10 放上一片生菜叶，来回挤上沙拉酱。

可依个人喜好，添加其他的蔬菜。

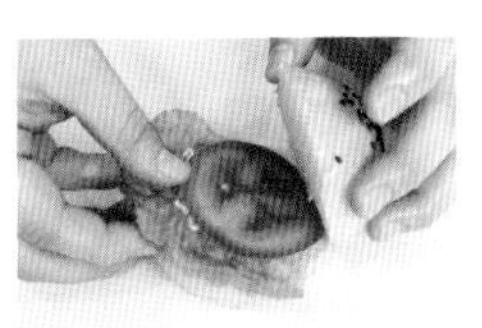

11 放入一片西红柿，来回挤上沙拉酱。

12 放上熟牛肉片，来回挤上沙拉酱即可。按照相同方法做完剩余汉堡即可。

大亨堡面包

分量 | 3个
时间 | 烤约15分钟
温度 | 上、下火160℃烘烤

< 材料 >

高筋面粉300克
低筋面粉56克
细砂糖40克
盐5克
酵母粉7克
清水200毫升
无盐黄油50克
火腿肠3根
鸡蛋液少许
生菜叶适量
番茄酱少许

< 制作步骤 >

搅拌材料

1 将高筋面粉、低筋面粉、细砂糖、盐、酵母粉倒入大玻璃碗中，用手动搅拌器搅拌均匀。

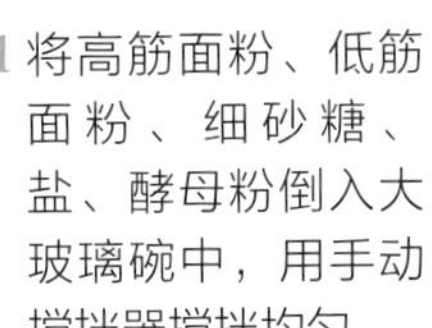

2 倒入清水，用橡皮刮刀翻拌几下，再用手揉成无干粉的面团。

揉搓面团

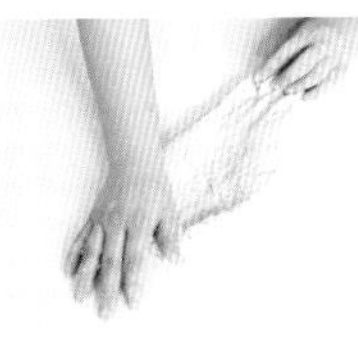

3 取出面团，放在操作台上，反复揉搓、甩打至起筋。

4 将面团按扁，放上无盐黄油，揉扯至面团与无盐黄油混合均匀，再收圆。

第一次发酵

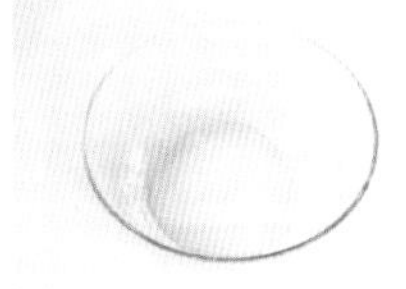

5 将面团放回大玻璃碗中，封上保鲜膜，静置发酵约30分钟。

分割、成形

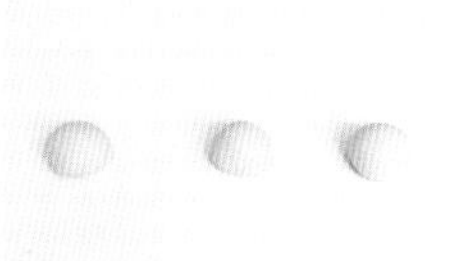

6 取出面团，用刮板分切成3等份，收口、搓圆。

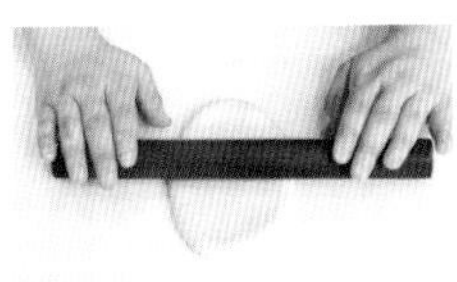

7 将面团擀成椭圆形的面皮，从一边开始将面皮卷起成橄榄形的面包坯。

第二次发酵

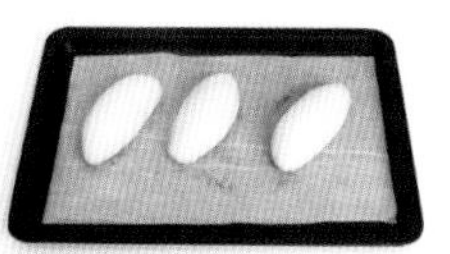

8 取烤盘，铺上油纸，放上面包坯，放入已预热至30℃的烤箱中层，静置发酵约30分钟。

烘烤

9 取出烤盘，用刷子刷上一层鸡蛋液。

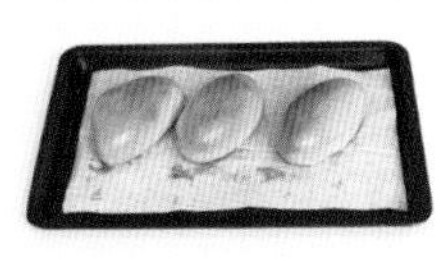

10 放入已预热至160℃的烤箱中层，烤约15分钟。

组合装饰

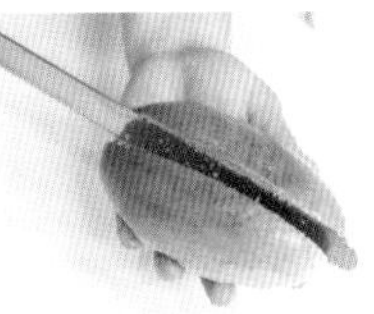

11 取出烤好的面包，用齿刀从中间切开，但底部不切断。

12 塞入生菜叶、火腿肠，再在火腿肠上挤上番茄酱即可。

可将火腿肠放入锅中略煎一下，味道更好。

第五章
百变创意造型面包

想要在家人和朋友面前露一手吗？
想要让自己制作的面包与众不同吗？
显然，基础款的面包已经不能满足你对面包的期待了。
跟着本章节一起来制作创意造型面包吧，
让面包在你的手中可以随心所欲地变化！

巧克力熊宝贝餐包

分量 | 9个
时间 | 烤约30分钟
温度 | 上火190℃、下火175℃烘烤

<材料>

● 面团

高筋面粉250克
可可粉7克
细砂糖30克
速发酵母3克
牛奶150克
盐2克
无盐黄油25克

● 表面装饰

鸡蛋液少许
黑巧克力笔1支

< 制作步骤 >

搅拌材料 —— 揉搓面团 →

1 将高筋面粉、可可粉、速发酵母、细砂糖放入盆中，用手动搅拌器搅散。

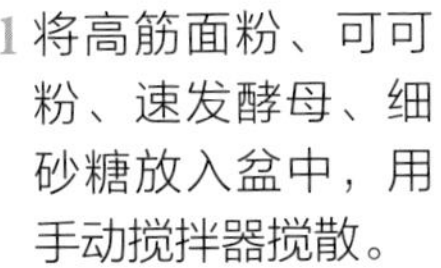

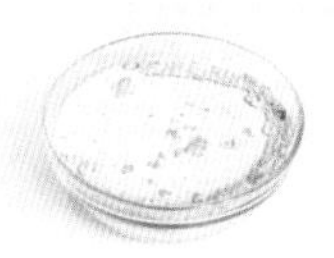

2 分次加入牛奶，揉搓成柔软的面团。

3 取出面团，放在干净的操作台上，放入室温软化的无盐黄油。

4 加入盐，揉搓混合均匀。

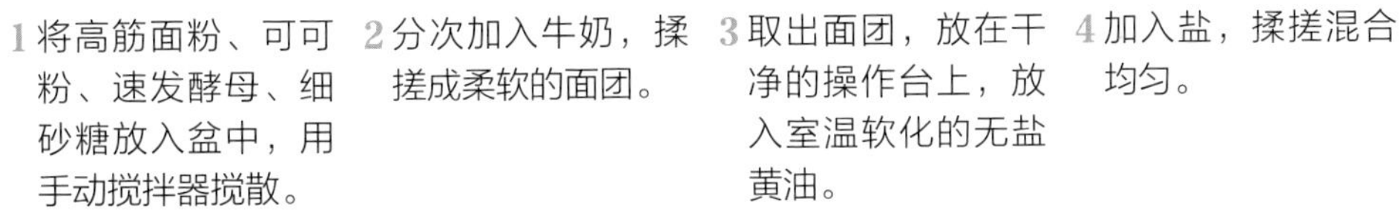

—— 第一次发酵 —— 分割 —— 第二次发酵 ——

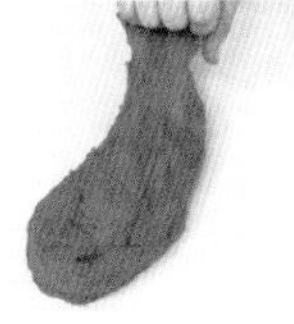

5 抓住面团的一角，将面团朝桌子上用力甩打，然后对折再转90° 甩至桌面，重复此动作至面团光滑。

6 将面团揉圆放入盆中，喷上少许水，盖上湿布发酵20~25分钟。

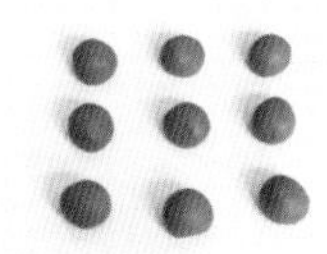

7 将面团切出50克留作小熊耳朵备用，把其余面团分割成9等份并揉圆。

8 小面团间隔整齐地放入方形烤模中，面团表面喷些水，盖上湿布，发酵40~50分钟。

烘烤 —— 装饰 ——

9 把切下来的50克面团分成18等份，揉圆，作为耳朵黏附在每一个小面团上方。

10 在面团表面刷鸡蛋液，放进烤箱，以上火190℃、下火175℃的温度烤约30分钟。

11 取出烤好的面包，散热冷却后脱模。

面包出炉的时候，放在桌面上轻震，可以防止面包坍陷。

12 用黑巧克力笔画上眼睛和嘴巴做装饰即完成。

双色熊面包圈

分量 | 1个
时间 | 烤约20分钟
温度 | 上火190℃、下火175℃烘烤

< 材料 >

●可可面团

高筋面粉250克
细砂糖50克
可可粉15克
奶粉7克
速发酵母2克
水125克
鸡蛋25克
无盐黄油25克
盐2克

●原味面团

高筋面粉250克
细砂糖50克
奶粉7克
速发酵母2克
水125克
鸡蛋25克
无盐黄油25克
盐2克

●表面装饰

黑巧克力笔1支

< 制作步骤 >

搅拌材料

1 准备一个大盆，倒入高筋面粉、细砂糖、奶粉、速发酵母、可可粉，用手动搅拌器搅拌均匀。

2 加入鸡蛋和水，用橡皮刮刀慢慢混合均匀，制成面团。

揉搓面团

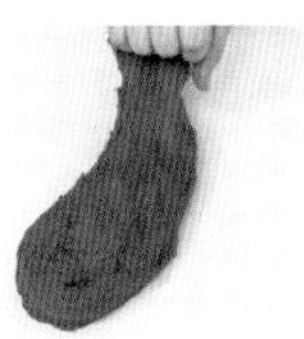

3 取出面团，放在操作台上，用手将面团用力甩打，一直重复此动作到面团光滑。

4 加入无盐黄油和盐，揉至无盐黄油和盐完全被吸收。

第一次发酵

5 用喷雾器喷上水，盖保鲜膜或湿布静置发酵约30分钟，制成可可面团。

用原味面团的材料按制作可可面团的步骤做出原味面团。

分割、成形

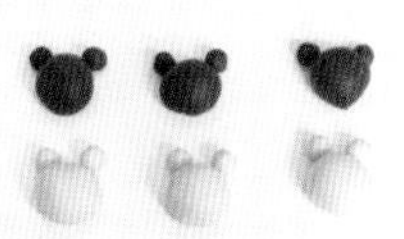

6 从原味面团中分出3个45克和6个8克的小面团分别搓圆；从可可面团中分出3个45克和6个8克的小面团分别搓圆。

7 把6个45克揉圆了的黑白面团间隔着放入中空的圆形模具中。

第二次发酵

8 盖上湿布发酵约60分钟至2倍大，分别放上黑熊和白熊的耳朵。

烘烤

9 将模具放入已预热至上火190℃、下火175℃的烤箱中，烤约20分钟，取出脱模。

装饰

10 用黑巧克力笔画上小熊的鼻子和眼睛即可。

巧克力液代替巧克力笔

除了可以用巧克力笔装饰，还可以将熔化的巧克力液装入裱花袋中，剪一个小口对小熊进行装饰。相对浓稠度较高的巧克力可以更快地凝固，不易变形。

小熊面包

分量 | 4个
时间 | 烤约16分钟
温度 | 上、下火180℃烘烤

< 材料 >

●面团

低筋面粉110克
高筋面粉25克
细砂糖25克
无盐黄油15克
牛奶50毫升
酵母粉2克
鸡蛋液35克
盐1克

●装饰

蛋黄液适量
黑巧克力适量

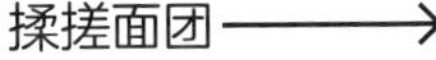

搅拌材料 → 揉搓面团 →

1 将高筋面粉、低筋面粉、细砂糖倒入大玻璃碗中，用手动搅拌器搅拌均匀。

2 将牛奶、酵母粉倒入小玻璃碗中，搅拌均匀，制成酵母牛奶。

3 将酵母牛奶、鸡蛋液倒入大玻璃碗中，用橡皮刮刀翻拌均匀成无干粉的面团。

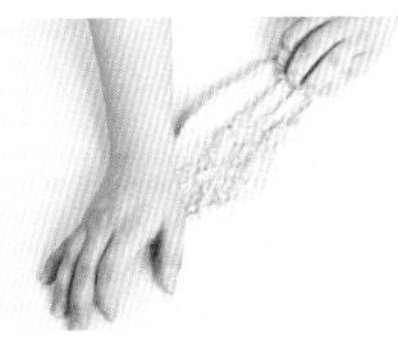

4 取出面团，放在操作台上，反复将其按扁、揉扯拉长，再滚圆。

分割、成形

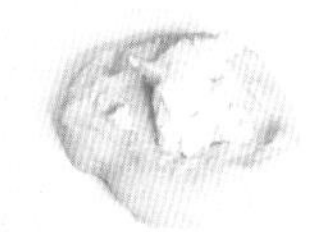

5 再将面团按扁，放上无盐黄油、盐，揉搓至混合均匀，反复甩打面团至起筋，再滚圆。

6 将面团放回大玻璃碗中，封上保鲜膜，静置发酵约30分钟。

7 摘取12个5克的小剂子，搓圆，制成小熊耳朵、鼻子，将剩余面团分成4等份，滚圆。

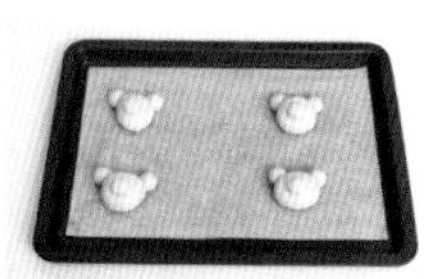

8 将大小面团按照小熊的造型制作好，放入铺有油纸的烤盘上。

第二次发酵 → 烘烤 → 装饰

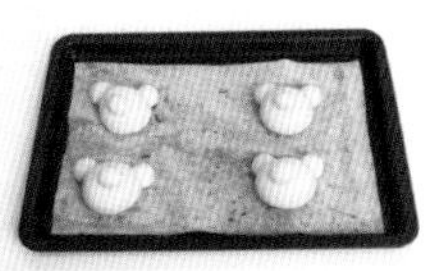

9 将烤盘放入已预热至30℃的烤箱中层，发酵约30分钟后取出。

10 在小熊面包坯表面刷上蛋黄液。

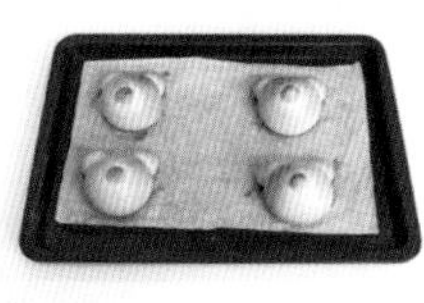

11 放入已预热至180℃的烤箱中层，烤约16分钟，取出。

12 将熔化的黑巧克力液装入裱花袋，并用剪刀在裱花袋尖端剪一小口，再在面包上点缀出眼睛、眉毛等造型即可。

栗子小面包

分量 | 4个
时间 | 烤约20分钟
温度 | 上火180 ℃、下火160℃烘烤

< 材料 >

●面包体

高筋面粉250克
全麦面粉50克
细砂糖20克
盐20克
橄榄油15克
鸡蛋50克
水50克
速发酵母4克
无盐黄油25克

●内馅

去皮栗子100克

●表面装饰

鸡蛋液适量
熟白芝麻适量

< 制作步骤 >

搅拌材料 → 揉搓面团 →

1 栗子切碎，放入预热180℃的烤箱中烤约15分钟至熟。

2 准备一个大碗，放入高筋面粉、全麦面粉、细砂糖和速发酵母，用手动搅拌器搅拌均匀。

3 加入鸡蛋、水、橄榄油，拌匀，制成面团。

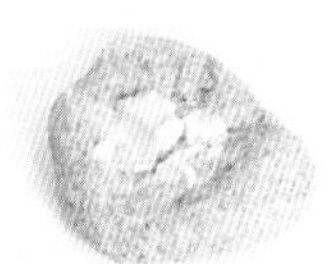

4 取出面团，放在操作台上，揉搓至面团光滑，再加入无盐黄油和盐揉匀。

第一次发酵 → 分割、成形 →

5 将面团揉圆，放入大碗中，用喷雾器喷上清水，盖保鲜膜或湿布静置松弛约25分钟。

6 将发酵好的面团取出，按压成圆饼状，加入烤好的栗子碎，揉搓均匀。

7 用刮板将面团分切成4等份。

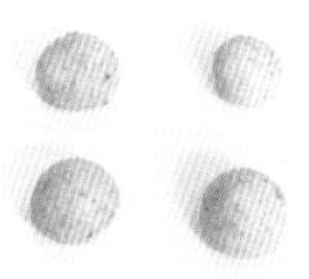

8 再用手把面团分别搓圆。

第二次发酵 → 烘烤 →

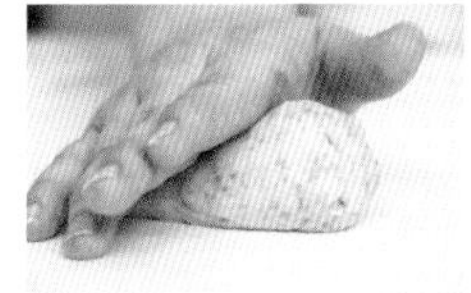

9 用手压住面团的下半部分，稍搓几下，制成锥形。

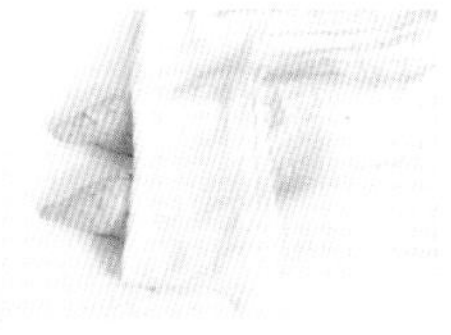

10 喷上少许清水，盖上湿布发酵约50分钟。

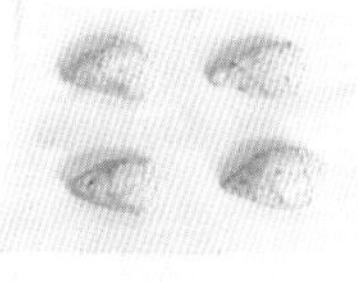

11 把面团放置在油布上，在大头的一端刷上少许鸡蛋液，沾上熟白芝麻。

刷上一层鸡蛋液，能够帮助面包上色。

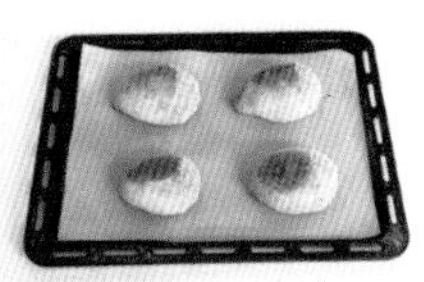

12 放入预热至上火180℃、下火160℃的烤箱中，烤约20分钟至表面金黄色即可。

白豆沙可可面包

分量 | 4个
时间 | 烤约15分钟
温度 | 上、下火170℃烘烤

<材料>

●面团

高筋面粉100克
低筋面粉25克
白豆沙64克
鸡蛋25克
牛奶25毫升
无盐黄油23克
酵母粉2克
奶粉5克
细砂糖15克
盐2克
可可粉5克
清水65毫升

●表面材料

鸡蛋液适量
黑芝麻少许

< 制作步骤 >

搅拌材料

1 将高筋面粉、低筋面粉、酵母粉、奶粉、盐、细砂糖、可可粉倒入大玻璃碗中，用手动搅拌器搅拌均匀。

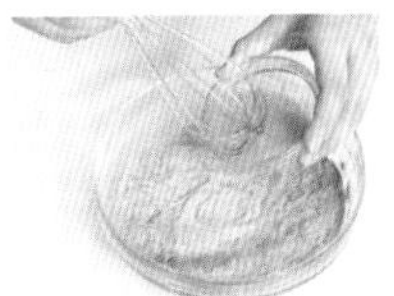

2 将鸡蛋搅散后倒入碗中，再加入牛奶、清水，用橡皮刮刀翻压几下，再用手揉成团。

揉搓面团

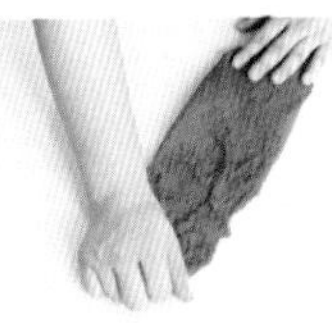

3 取出面团，放在干净的操作台上，将其反复揉扯拉长，再卷起，稍稍搓圆、按扁。

4 放上无盐黄油，收口、揉匀，再将其揉成纯滑的面团。

第一次发酵

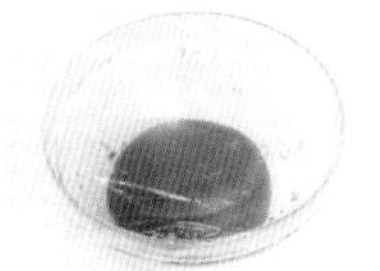

5 将面团放回至大玻璃碗中，封上保鲜膜，静置发酵约30分钟。

分割、松弛

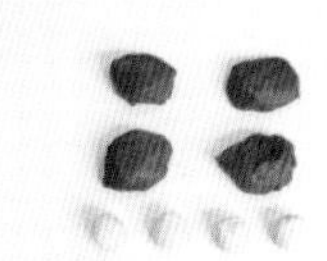

6 取出面团，分成4等份，再收口、搓圆；白豆沙分成4等份后搓圆。

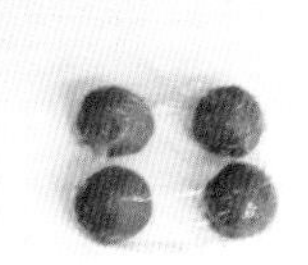

7 将面团盖上保鲜膜，静置松弛约10分钟。

成形

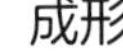

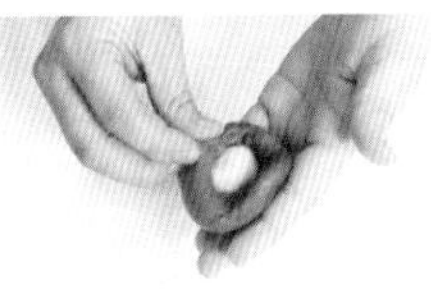

8 将面团均按扁，放上白豆沙，收口、搓圆。

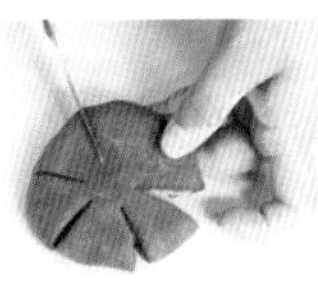

9 手上沾上少许面粉，将面团按扁，用剪刀在面团边缘剪6个开口，制成面包坯。

用剪刀剪出的开口长约2厘米即可。

第二次发酵

10 取烤盘，铺上油纸，放上面包坯，放入已预热至30℃的烤箱中层，静置发酵约30分钟，取出。

烘烤

11 刷上鸡蛋液，撒上黑芝麻。

12 将烤盘放入已预热至170℃的烤箱中层，烘烤约15分钟即可。

全麦酸奶水果面包

分量 | 2个
时间 | 烤约25分钟
温度 | 上、下火200℃烘烤

< 材料 >

●面团

高筋面粉250克
全麦粉50克
细砂糖5克
速发酵母3克
酸奶50克
水150克
无盐黄油100克
盐3克
核桃仁100克
蔓越莓干50克
蓝莓干50克

●内馅

无盐黄油适量
（打发后装入裱花袋中备用）

●表面装饰

糖粉适量

< 制作步骤 >

搅拌材料 **揉搓面团**

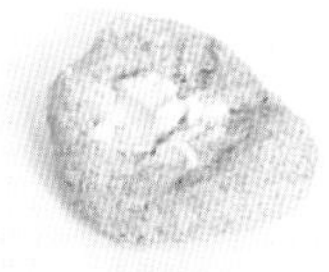

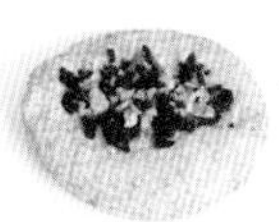

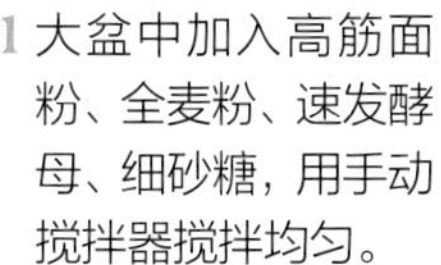

1 大盆中加入高筋面粉、全麦粉、速发酵母、细砂糖，用手动搅拌器搅拌均匀。

2 加入酸奶、水，用橡皮刮刀搅拌均匀，制成面团。

3 取出面团，放在操作台上，揉搓光滑，加入无盐黄油和盐，继续揉至能撕出薄膜的状态。

4 将面团压扁，放入核桃仁、蔓越莓干、蓝莓干，揉均匀。

第一次发酵 **分割、成形**

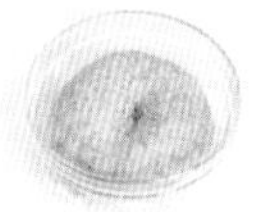

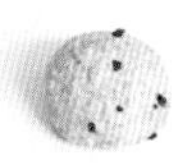

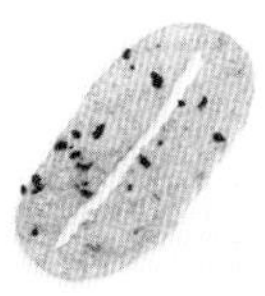

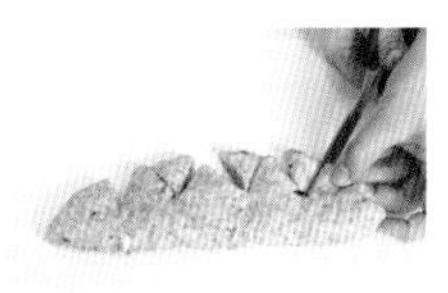

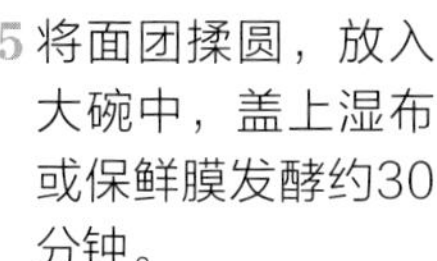

5 将面团揉圆，放入大碗中，盖上湿布或保鲜膜发酵约30分钟。

6 取出发酵好的面团，用刮板把面团分切成两半，并分别揉圆。

7 再分别擀成长圆形，并挤上打发的无盐黄油。

8 分别对折，在接口处剪出锯齿形，卷成圆圈，制成星星形状的面包生坯。

第二次发酵 **烘烤**

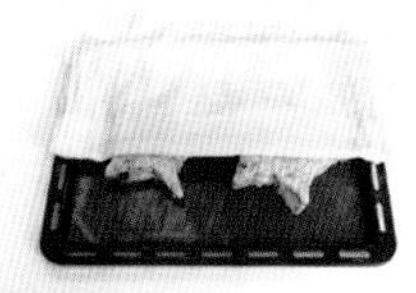

9 将面包生坯放在铺了油布的烤盘上，喷上水，盖上湿布静置发酵约40分钟。

10 将面包生坯放入预热200℃的烤箱中层，烤约25分钟，撒上少许糖粉装饰即可。

发酵时间很关键

要掌握好生坯的发酵时间，发酵不足则面包无香味，发酵过长则会有酸味、酒味。

培根麦穗面包

分量 | 2个
时间 | 烤约18分钟
温度 | 上火180℃、下火160℃烘烤

< 材料 >

高筋面粉125克
细砂糖20克
奶粉4克
速发酵母1克
水63克
鸡蛋13克
无盐黄油13克
盐1克
培根适量

< 制作步骤 >

搅拌材料

1 在盆中加入高筋面粉、细砂糖、奶粉，放入速发酵母、鸡蛋。

2 加入水，用橡皮刮刀从盆的边缘往里混合材料，和成均匀的面团。

揉搓面团

3 将面团放到操作台上，揉至延展状态，加入无盐黄油和盐，继续揉成一个光滑的面团。

第一次发酵

4 把面团放入盆中，盖上湿布发酵15~20分钟。

分割、成形

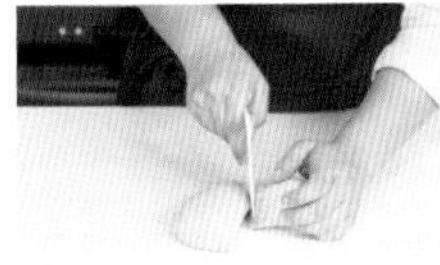

5 将发酵好的面团分切成2等份。

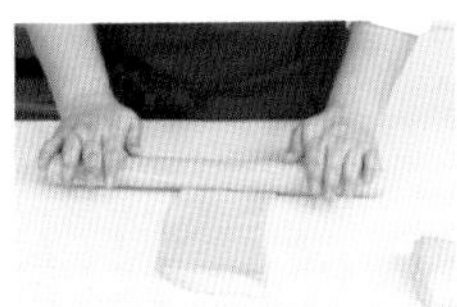

6 分别用擀面杖将面团擀成长方形。

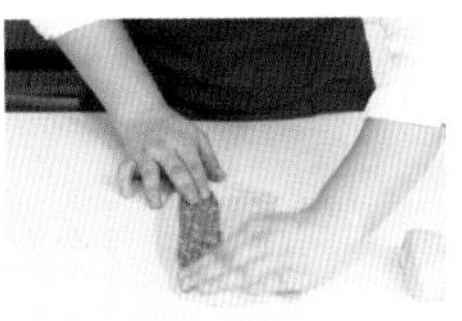

7 两份面团分别包入培根，卷成长条。

8 将面团放在高温油布上，用剪刀斜剪面团，摆放成“V”字形，剪出两条麦穗的形状。

第二次发酵

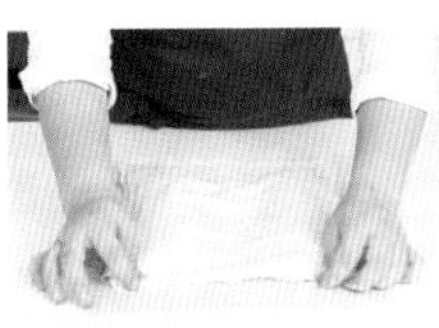

9 盖上湿布发酵50分钟，等待发酵的同时预热烤箱。

为了防止面团发酵后过于干燥，还可以在面团表面喷上少许水。

烘烤

10 将发酵好的面团连带油布一起放在烤盘上。

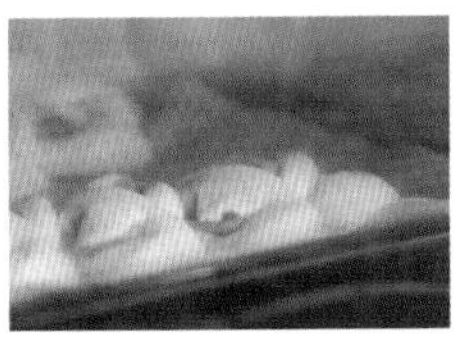

11 将发酵好的面团放入烤箱中以上火180℃、下火160℃的温度烤约18分钟。

12 取出烤好的面包即可。

热狗卷面包

分量 | 3个
时间 | 烤约15分钟
温度 | 上、下火180℃烘烤

< 材料 >

高筋面粉200
低筋面粉80克
鸡蛋液50克
热狗3根
奶粉20克
盐2克
细砂糖30克
无盐黄油25克
酵母粉5克
清水150毫升

搅拌材料 —— 揉搓面团

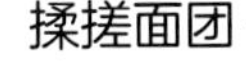

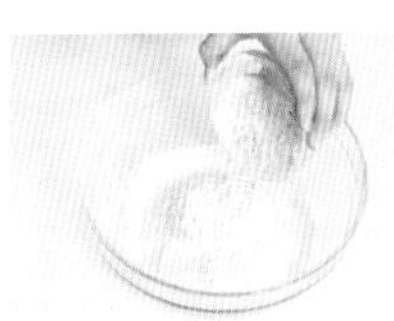

1 将高筋面粉、低筋面粉、盐、细砂糖、奶粉、酵母粉倒入大玻璃碗中，用手动搅拌器搅拌均匀。

2 倒入鸡蛋液、清水，用橡皮刮刀翻拌成块，再用手揉搓几下。

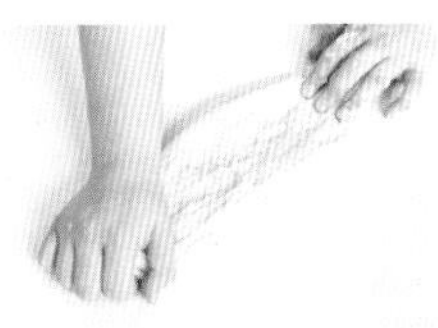

3 取出面团，放在干净的操作台上，将其反复揉扯拉长，再卷起，搓圆。

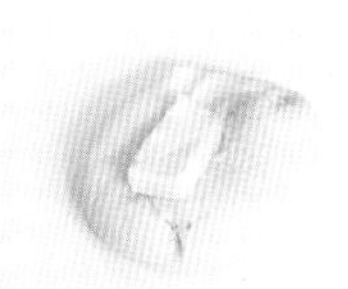

4 将面团按扁，放上无盐黄油，揉搓至混合均匀，再将面团揉搓成光滑的圆形面团。

第一次发酵 —— 分割、第二次发酵 —— 成形

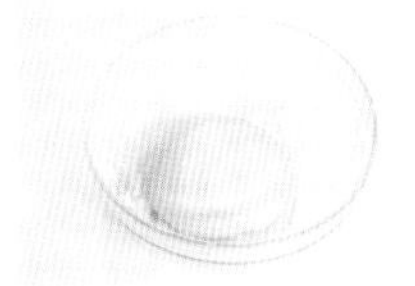

5 将面团放回大玻璃碗中，封上保鲜膜，静置发酵30～40分钟。

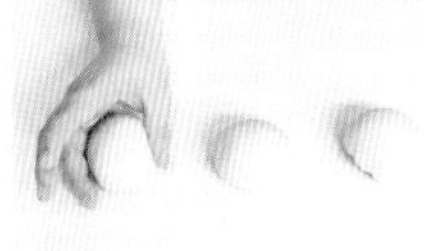

6 撕开保鲜膜，取出面团，用刮板分成3等份，分别收口、搓圆。

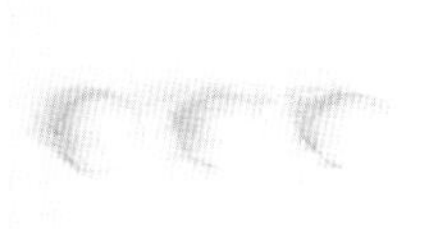

7 封上保鲜膜，松弛发酵约10分钟。

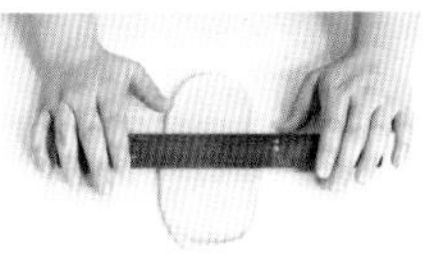

8 撕开保鲜膜，将面团擀成比热狗稍微长一点的面皮。

第三次发酵 —— 烘烤

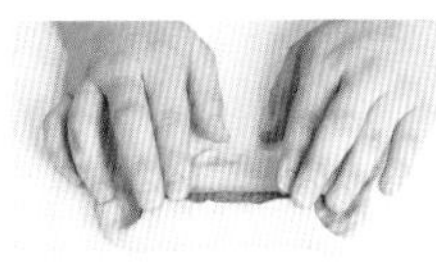

9 分别放上热狗，卷起来，再收口。

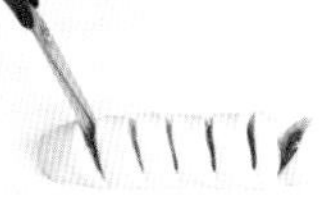

10 用剪刀剪上几刀成花状，放在铺有油纸的烤盘上，将其摊开绕成圈。

将热狗剪断，留一边的面皮不要剪断。

11 将烤盘放入已预热至30℃的烤箱中层，发酵约30分钟，取出。

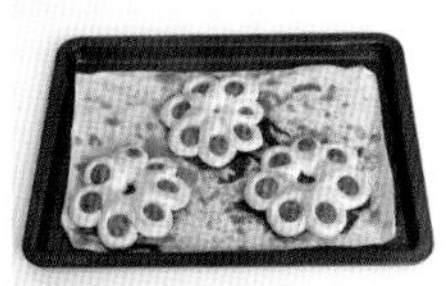

12 再将烤盘放入已预热至180℃的烤箱中层，烘烤约15分钟即可。

胡萝卜口袋面包

分量 | 3个
时间 | 烤约10分钟
温度 | 上、下火215℃烘烤

< 材料 >

高筋面粉125克
奶粉5克
胡萝卜汁100克
生菜叶3片
红彩椒条15克
酸黄瓜片15克
橄榄油8毫升
酵母粉4克
细砂糖5克
盐3克

<制作步骤>

搅拌材料

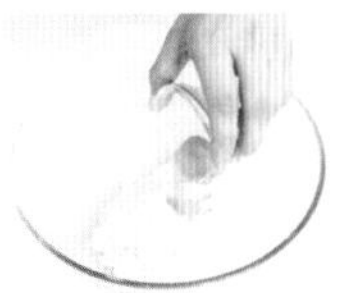

1 将高筋面粉、酵母粉倒入备好的大玻璃碗中。

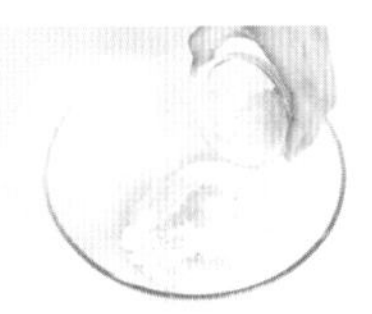

2 放入细砂糖、盐、奶粉。

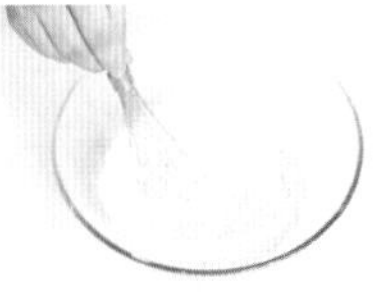

3 用手动搅拌器搅拌均匀。

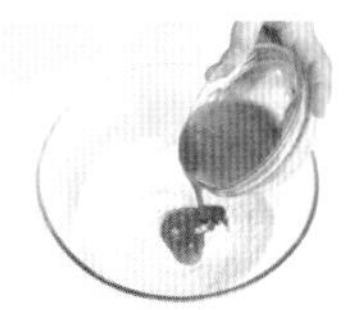

4 倒入胡萝卜汁、橄榄油，翻拌至无干粉的面团。

揉搓面团

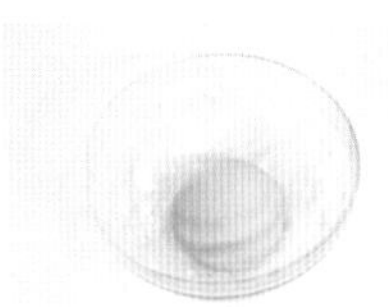

5 取出面团，反复揉扯、甩打，再滚圆成光滑的面团。

第一次发酵

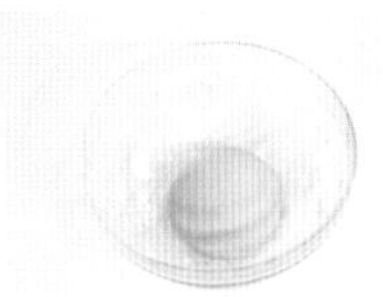

6 将面团放回大玻璃碗中，封上保鲜膜，室温环境中静置发酵约40分钟。

分割、成形

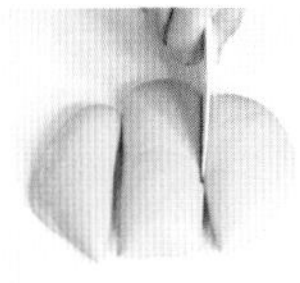

7 取出发酵好的面团，分成3等份，收口、搓圆。

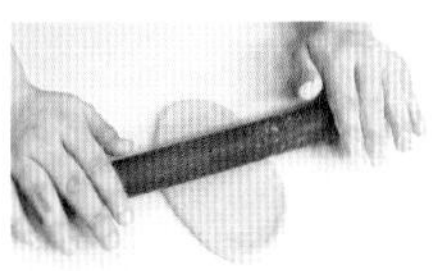

8 将面团擀成厚度约为0.6厘米的长舌形面皮。

烘烤

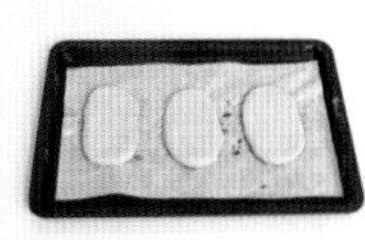

9 取烤盘，铺上油纸，放上擀好的长舌形面皮。

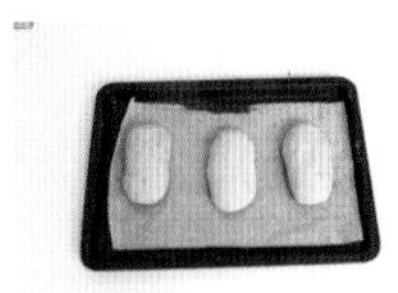

10 将面皮放入已预热至215℃的烤箱中层，烘烤约10分钟。

组合装饰

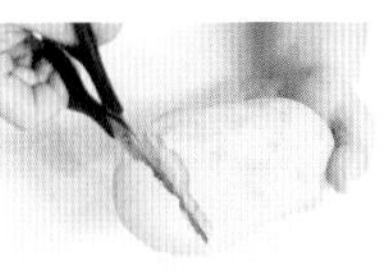

11 取出烤好的面包，用剪刀剪去一小部分，即成口袋面包。

12 往口袋面包中塞入生菜叶、酸黄瓜片、红彩椒条即可。